DISCOURS

SUR

LA VIE DE LA CAMPAGNE

ET

LA COMPOSITION DES JARDINS.

Ce Discours sert d'Introduction à l'Ouvrage in-folio dont il est tiré. L Auteur l'a fait réimprimer ainsi, afin de faire mieux connoître le plan de cette entreprise et l'intérêt qu'elle peut présenter; il n'auroit pas cru que cet écrit valût la peine de paroître séparément, sans cette considération.

L'Ouvrage in-folio sera composé de 36 Livraisons, divisées en 2 volumes. Chaque Livraison comprendra six feuilles d'estampes, et six pages de texte.

Les deux premières ont été publiées le 15 février.

Les autres suivront de six semaines en six semaines.

Chaque Livraison est du prix de $\begin{cases} \text{15 fr. papier fin.} \\ \text{24 fr. papier vélin.} \\ \text{36 fr. avant la lettre.} \end{cases}$

On souscrit à Paris :

Chez l'Éditeur et Auteur des Dessins, M. Bourgeois, Peintre (au Musée des Arts, rue de la Sorbonne Saint-Jacques), chez lequel on pourra voir les Estampes et les Dessins qui composent cet Ouvrage — Delance, Imprimeur de l'Ouvrage, rue des Mathurins S.-J., Hôtel Cluny, etc.

DISCOURS

SUR

LA VIE DE LA CAMPAGNE

ET

LA COMPOSITION DES JARDINS

Tiré de l'Ouvrage intitulé : *DESCRIPTION DES NOUVEAUX JARDINS DE LA FRANCE ET DE SES ANCIENS CHATEAUX.*

PAR

ALEXANDRE DE LABORDE.

A PARIS,

Chez
{
LENORMANT, Imprimeur-Libraire, rue des Prêtres
St.-Germain-l'Auxerrois.
DELANCE, rue des Mathurins S.-J., hôtel Cluny.

DE L'IMPRIMERIE DE DELANCE.

1808.

DISCOURS

SUR LA VIE DE LA CAMPAGNE

ET

LA COMPOSITION DES JARDINS.

Rure meo possum quidvis perferre patique.
Hor. L. 1, Ep. 15.

.... *Vivo et regno*........
Novistine locum potiorem rure beato ?
Id. L. 1, Ep. 10.

A ma campagne, je puis tout supporter, tout souffrir ; c'est là que je vis et que je règne. Connoissez-vous un lieu préférable à une belle campagne ?

Il semble que la vie de la campagne acquiert un nouveau charme après les grandes révolutions, lorsque les hommes fatigués des événemens, aiment à se reposer quelque temps dans le calme de la retraite. Un beau pays est alors pour eux un être animé qui les console sans les plaindre, qui leur fait partager ses richesses sans les humilier de ses dons. S'ils y portent les peines de l'âme, les plaisirs des champs adoucissent leurs maux, et remplacent leurs affections : s'ils y portent le regret de la puissance ou de la richesse, ils croient y retrouver ces deux avantages, parce qu'ils vivent au milieu des foibles et des pauvres.

Un autre bienfait de cette existence nouvelle, est la conservation de notre propre dignité : sorte de vertu extérieure qui consiste moins à braver les événemens qu'à les supporter dans une attitude convenable ; sentiment singulier, qui rend modeste par fierté, et quelquefois même vertueux par amour-propre ou par esprit de parti. A l'exemple de ceux qui sont revêtus des emplois brillans de la fortune, ceux qui sont condamnés aux terribles charges de l'adversité doivent se tenir à l'écart, pour ne pas user les respects des hommes. Les habitudes de la vie champêtre, tout à la fois nobles et simples, conviennent à cette situation dans laquelle on peut prétendre encore à la considération, tout en renonçant aux honneurs.

Mais si l'intérêt que présente la vie de la

campagne est si puissant pour les hommes qui ont éprouvé des revers, il ne l'est pas moins pour ceux que le sort a comblés de biens ou d'honneurs. Combien n'offre-t-il point aux uns d'emplois de leurs richesses, aux autres, de tranquillité et de souvenirs agréables de leur existence passée! Il y a dans la vie des champs quelque chose de singulièrement sympathique avec les destinées qui ont été hautes. Les grandes situations accoutument à des idées trop naturelles et trop vraies pour le tumulte du monde. Un homme de guerre se sent plus rapproché de sa noble simplicité près de la charrue, que dans un cercle. Le politique retrouvera plutôt les intérêts des peuples dans les affaires de son village, que dans les propos de la société.

Il existe encore une autre cause de solitude, c'est ce dégoût qui se développe tôt ou tard dans l'homme, et qui l'attend même au faîte des grandeurs, comme il le suit dans l'abîme des maux. Cicéron appelle cette affection l'*ennui de la vie* [1], c'est le *veternum* de Ca-

---

(1) **Omnium nos tædet vitæ.** *Cic. ad Att. Ep. 16,* *L. v.*

tulle [1] et d'Horace [2] ; le *spleen* des Anglais ;
le *desengaño* des Espagnols. Conduit par la
satiété des plaisirs à ce point où l'infortuné
arrive par l'excès des privations, le riche
vient souvent chercher les mêmes ressources
au milieu des aspects variés de la campagne ;
et tous deux sentent diminuer par elle, l'un
ses regrets, l'autre ses ennuis.

Or, puisque la vue, et pour ainsi dire *la
société* des beautés de la nature, influe ainsi
également sur les situations opposées de
notre âme et dans les différens événemens de
notre vie, le choix du lieu que l'on doit habiter, et la manière de l'embellir, ne laissent
pas que d'acquérir quelqu'importance. L'art
des jardins, dont le but consiste à imiter la
nature, à la transporter sous nos yeux, de-
vient alors, si on le considère philosophi-
quement, une science morale qui tient autant
au sentiment qu'à l'imagination, et qui peut
contribuer beaucoup à détruire ou à conserver les impressions que l'on éprouve.

(1) .... Stolidum... excitare veternum.
      Catul. Carm. xvii, ad Coloniam.
(2) Cur me funesto properent arcere veterno.
      Hor. L. i, Ep. 8.

Il n'entre point dans le plan de cet ouvrage de développer toutes les ressources de cette science, qui demanderoit une étude approfondie ; il faudroit déterminer quels sont les sites qui conviennent le mieux à nos différentes dispositions, et chercher les lois de cette espèce de sympathie. On sent que ce seroit trop s'écarter de la description de jardins déjà faits : aussi nous nous bornerons seulement à joindre à notre récit quelques observations sur les moyens de produire, dans les jardins, les principaux effets qui plaisent dans la nature, de les choisir suivant qu'ils conviennent au site, et de les multiplier sans les confondre. Afin de préparer à ces observations, on a cru devoir examiner, dans un Discours préliminaire, quelles sont les principales occupations de la campagne, et quel genre d'intérêt elle a inspiré aux hommes les plus distingués qui s'y sont retirés.

Parmi les vicissitudes de tous les âges et les exemples des hommes qui ont trouvé des charmes dans la solitude, chacun aimera peut-être à reconnoître quelque ressemblance avec sa position, ses goûts ou ses malheurs.

Rien ne nous ennoblit à nos yeux, comme de nous voir représentés dans la vie de ceux que nous estimons. Les moindres détails de leurs actions nous intéressent alors autant que les plus grands événemens de leur histoire : on veut trouver dans leurs occupations particulières, dans leurs habitudes, un contraste ou une analogie avec leurs hauts faits, comme on aime à voir leurs portraits, les armes et les habits qu'ils ont portés, les caractères tracés de leurs mains, et surtout les lieux qu'ils ont habités. Cet ouvrage d'ailleurs comprenant la description de nos anciens châteaux, doit rappeler autant les souvenirs historiques que les vues pittoresques du pays.

Il est aisé de remarquer dans la vie de la campagne plusieurs existences distinctes qui ont rapport à la situation de notre âme, ou simplement à l'activité de nos goûts. La plus naturelle consiste dans le repos et l'indépendance, ou autrement le bien-être ; état qui se conçoit plus facilement qu'il ne peut se définir. C'est une sorte de contentement, de jouissance passive qu'éprouvent également ment l'homme dont l'imagination est vive et l'être insensible qui végète : c'est le bonheur que goûtoit J.-J. Rousseau, lorsqu'il se promenoit en bateau autour de l'île S. Pierre, quelquefois des journées entières, avec la même nonchalance que le sauvage qui se laisse aller au courant du fleuve dans son canot. Virgile nous peint ainsi les laboureurs jouissant d'un repos assuré (*secura quies* [1]), qui ne provient pas de la fatigue, mais du sentiment d'une existence à l'abri de toutes les inquiétudes des événemens. Il faut que cet état ait des charmes bien reconnus, puisque les législateurs n'en connoissant pas de plus séduisans, nous ont retracé le bonheur des justes dans les Champs-Élysées, d'après la tradition de la vie de nos pères dans le paradis terrestre. Rattachant ainsi la fin du monde à son heureuse origine, ils ont célébré les jouissances d'un beau jardin et d'une vie tranquille, comme le premier et le dernier bienfait de la Divinité. Cet état semble appartenir principalement aux caractères tristes et passionnés, aux personnes âgées, ou qui ont éprouvé les peines de la vie, à

____

(1) *VIRGILE, Géorgiques, L. II, v. 467.*

celles dont la santé est délicate, ou qui, douées d'une humeur égale, sont appelées à jouir doucement de tout dès leur premier âge, sans qu'aucune contrariété ait aigri leur caractère.

De même que cette existence paisible convient particulièrement à certaines personnes, on peut également définir les lieux qui lui sont le plus propres. Ne seroit-ce pas quelques-uns de ces sites rians dominant une grande rivière, et dont la vue s'étend d'un côté sur un beau pays, et de l'autre sur quelques hautes forêts; de ces lieux où, sans sortir de l'enceinte de son habitation, l'on jouit d'un air pur et d'un aspect agréable : tels sont encore les lacs de la Suisse et des Bailliages italiens; et surtout les bords de la mer d'où l'on découvre les flots se brisant contre les rochers, où l'on sent le prix de l'existence assurée, par la vue des dangers auxquels d'autres sont exposés :

Neptunum procul è terrâ spectare furentem 1.

(1) *Hor. L. 1, Ep. 11; et le beau morceau de Lucrèce,* (Suave mari magno.... *L. 11.*) *dont le vers d'Horace n'est qu'une imitation.*

A cet état tranquille succèdent ordinairement les exercices et les amusemens que
l'on peut se faire à la campagne; car l'entière inaction conviendroit mieux au séjour
des villes, où tout contribue à distraire. Il
faut dans la solitude quelques occupations
matérielles qui empêchent de sentir le vide
que laisse l'éloignement du monde. Les unes
sont les travaux agricoles, les spéculations
de culture; les autres, la chasse, la pêche,
les plantations, et surtout l'embellissement
du lieu que l'on habite. Pour peu que l'on
ait quelqu'un de cher à qui l'on veuille trans-
mettre son héritage, on aime à le lui laisser
tel que l'on auroit désiré le posséder soi-
même; nous pensons que chacun de nos
travaux sera un jour autant de souvenirs
de nous. Ce désir de ne pas mourir tout
entier se manifeste dans l'homme sensible
par ses bienfaits, comme dans le conqué-
rant par ses victoires, et dans l'homme de
Lettres par ses écrits; celui-là même qui,
privé de ces douces jouissances, n'a plus
que lui pour supporter ses peines, trouve
encore du charme à embellir le lieu qu'il
habite, afin de fixer au moins ses derniers

regards sur des objets rians. « Je ne suis guère en un logis [1], dit Montaigne, qu'il ne me passe par la fantaisie si j'y pourrai être, et malade et mourant à mon aise : je veux être logé en lieu qui me soit bien particulier, sans bruit, non maussade, ou fumeux, ou étouffé. Je cherche à flatter la mort par ces frivoles circonstances ; ou pour mieux dire à me décharger de tout autre empêchement, afin que je n'aie qu'à m'attendre à elle, qui me poisèra volontiers assez sans autre recharge. Je veux qu'elle ait sa part à l'aisance et commodité de ma vie. »

Quelque resserré ou triste que soit le lieu qu'on habite, la philosophie et le goût peuvent en tirer parti. « Soyez persuadé, disoit Marc-Aurèle, que ce petit coin de terre est comme tous les autres lieux, et qu'on y trouve les mêmes choses que sur le sommet d'une montagne, ou sur le rivage de la mer. » La vie que l'on mène peut alors se comparer au jardin que l'on cultive : on cherche à cacher les limites de tous les deux en les couvrant de fleurs. L'avenir est comme

(1) *L. III, C. 9.*

le lointain sur lequel on laisse quelques percées de vue lorsqu'il présente un aspect agréable, sinon il faut se contenter de vivre et de mourir dans sa retraite : *je mourrai dans mon petit nid*, dit l'Écriture [1]. Les lieux qui conviennent le mieux dans cette situation et pour les travaux des champs, sont les pays coupés, l'assemblage de prairies et de terres fertiles, qui présentent des moyens d'embellissement ou d'amélioration.

Une dernière occupation que la campagne inspire et encourage, c'est l'étude et la contemplation. Ce dernier état tient des deux autres, car l'étude est un genre d'exercice, une distraction des peines, et la contemplation une conséquence du repos, un intérêt dans la vie oisive ; mais toutes deux demandent une âme sensible et un esprit capable de persévérance. Cette occupation appartient aux hommes qui ont été livrés de bonne heure à de grands travaux ou victimes de fortes passions, au philosophe désabusé qui ne trouve plus rien de beau que les Arts, plus rien de curieux que les mystères de la

____

(1) In nidulo meo moriar. *Job. Cap.* 29, *v. 18.*

nature. Elle appartient également au solitaire religieux qui s'élève au-dessus de l'humanité par la contemplation des choses célestes, qui semblable à Isaac parcourt les bois, les champs pour admirer les beautés de la nature, ou comme Salomon, médite dans ses jardins sur la vanité des choses humaines. Les lieux qui conviennent le plus à ce genre de vie sont les vallons écartés (*valles reductæ* [1]), les sites montagneux et sauvages, de grands étangs solitaires, et surtout les belles scènes de forêts, si variées dans leur aspect, et qui, particulièrement en France, portent un caractère de grandeur et de majesté que l'on ne trouve point ailleurs.

Il aura peut-être paru inutile de diviser ainsi les occupations de la campagne, puisqu'il est rare qu'on ne les réunisse pas toutes suivant les différentes heures du jour, les différentes saisons et les diverses situations de notre esprit. Cependant on peut remar-

(1) Hic in reductâ valle.... *Hor. L. 1, Od.* 17, *v.* 17.

.... in valle reducta
Seclusum nemus et virgulta sonantia sylvis.
Virg. Énéide, L. 11, v. 704.

quer en étudiant la vie des hommes distingués qui ont vécu long-temps retirés à la campagne, que chacun d'eux avoit une disposition particulière pour une de ces occupations, presque à l'exclusion des autres, et se choisissoit ainsi une carrière nouvelle dans la retraite. Cette remarque s'applique même à des nations entières, et les observations suivantes suffiront pour s'en convaincre.

Les mœurs des nations peuvent toutes se rapporter à deux origines distinctes. La première touche au berceau du monde; c'est la vie pastorale des peuples de l'Orient, qui malgré les altérations qu'elle a dû éprouver par les progrès de la civilisation, a cependant laissé des traces dans presque toutes les époques de l'histoire ancienne. La seconde est la vie guerrière, qui fut introduite par les peuples du Nord, et qui semble être la base de l'histoire moderne. Les patriarches des Hébreux, les héros des premiers temps de la Grèce nous sont représentés comme de riches pasteurs, heureux par les biens de la nature, et ne faisant la guerre que pour défendre leur existence tranquille.

Homère décrivant le bouclier d'Achille y place les travaux de la campagne [1], les moissons, les troupeaux; idée ingénieuse qui peint également les mœurs du temps et le génie du poëte. Nos aïeux, au contraire, semblent sortis tout armés des forêts de la Germanie. Les habitations des anciens peuples étoient de grandes métairies ornées, réunissant tous les genres d'amusement ou d'utilité; tandis que nos châteaux, bâtis dans les idées de la vie guerrière, sont encore pour la plupart chargés de créneaux, de tourelles, de meurtrières, et présentent l'image des combats au milieu de la paix. Le souvenir des temps primitifs inspiroit aux Anciens les chants de la vie pastorale; il a produit chez les modernes les romans de chevalerie. D'après ces principes, on vit l'agriculture, que l'on peut appeler la *science des campagnes*, faire de tels progrès chez les Anciens, qu'elle est restée presqu'au même point de nos jours, et l'honneur, en quoi consiste *la civilisation des camps*, se développer chez les modernes avec une égale

[1] *Hom. Il. Σ.*

rapidité, et tempérer bientôt des caractères trop farouches. Les grâces et les talens naquirent dans les châteaux, comme les sciences et les lettres dans les monastères. Le respect pour les femmes et le désir de leur plaire, nouveau mobile des grandes actions, fondèrent ce que nous appelons la *société*, autre invention moderne et l'un des plus grands charmes de la vie. C'est en grande partie l'influence de ces deux principes qui détermina, dans les différentes époques de l'Histoire, la manière de vivre à la campagne, sur laquelle nous allons jeter un coup-d'œil rapide.

On trouve souvent parmi les fictions des poëtes une tradition vraie, à laquelle on peut remonter en comparant leurs écrits avec ceux des historiens : il en est ainsi de l'Age d'or, qui semble réel lorsque l'on considère la vie heureuse des hommes d'Homère et de ceux de l'Écriture sainte. Ces premiers habitans des terres ne connoissoient de richesse que l'abondance [1], d'occupation que les travaux des champs, de luxe ou d'amu-

____

(1) Greges multos, ancillas et servos, camelos et

sement que d'exercer la bienfaisance [1] et l'hospitalité [2]. Leurs jours tranquilles s'écouloient *sans méfiance et sans trouble* [3], et lorsque la mort fermoit leurs yeux, ils alloient rejoindre leurs pères et étoient enterrés sous les beaux ombrages qu'ils avoient habités : enterrez-moi avec les os de mes pères, dit Jacob [4]; quand votre mère sera

asinos. *Gen., cap. 3o, v. 43. — Liv. de Ruth, cap. 2, v. 4.*

> ...... Βασιλεὺς δ' ἐν τοῖσι σιωπῇ
> Σκῆπτρον ἔχων ἑστήκει ἐπ' ὄγμου, γηθόσυνος κῆρ.

IL. Σ, v. 556.

(1) Nec remanentes spicas colligetis, sed pauperibus et peregrinis dimittetis eas. *Levit., cap. 23, v. 22.*

(2) *Xenoph. Œcon.* Declinate in domum pueri vestri, et manete ibi: lavate pedes vestros, et mane proficiscemini in viam vestram. *Gen., cap. 19, v. 2.* Foris non mansit peregrinus, ostium meum viatori patuit. *Job. cap. 31, v. 32.* Ex substantia tua fac eleemosynam, et noli avertere faciem tuam ab ullo paupere. *Tob. cap. 4, v. 7.*

> ...... Πρὸς γὰρ Διός εἰσιν ἅπαντες
> Ξεῖνοί τε, πτωχοί τε............

Hom. Od. Z, v. 207.

(3) Gentem quietam et habitantem confidenter. *Jérémie, ch. 49, v. 31.*

(4) Sepelite me cum patribus meis. *Gen., cap. 49, v. 29.* Sed dormiam cum patribus meis, et auferras

morte,

morte, dit Tobie à son fils, enterrez-la près de moi[1]. Qu'ils sont touchans ces vers peu connus de Simmias le thébain, sur le tombeau de Sophocle[2]!

« Autour de ce monument de Sophocle » croissez peu à peu, croissez lierres[3] toujours verds! que la rose épanouie fleurisse » çà et là, et que la vigne étende lentement » ses bras sur ce tombeau! l'homme qu'il » renferme fut également aimé des Muses » et des Grâces. »

Une existence si douce devoit donner aux

---

me de terra hac, condasque in sepulcro majorum meorum. *Gen. cap. 47, v. 3o.*

(1) Cum autem et ipsa compleverit tempus vitæ suæ sepelias eam circa me. Τοв. *cap. 4, v. 5.*

(2)   Ἠρέμ' ὑπὲρ τύμβοιο Σοφοκλέος, ἠρέμα, κισσὲ,
    Ἑρπύζοις, χλοερούς ἐκπροχέων πλοκάμους·
   Καὶ πέταλον πάντη θάλλοι ῥόδον, ἤτε φιλορρὼξ
   Ἄμπελος, ὑγρὰ πέριξ κλήματα χευαμένη·
   Εἵνεκεν εὐμαθίης πινυτόφρονος, ἣν ὁ μελιχρὸς
   Ἤσκησεν, Μουσῶν ἄμμιγα καὶ Χαρίτων.
          Anthologie, Liv. III, ch. 25, Ep. 39.

(3) *Le grec dit :* qui étendez vos rameaux verds, *ils sont nommés dans Ovide,* lierres aux pieds flexibles.
    Vos quoque *flexipedes* Hederæ venistis.
          Métam. L. x, v. 99.

Grecs et aux Hébreux un extrême attachement pour leur terre natale [1] : aussi l'amour
de la patrie n'est-il nulle part si bien exprimé
que dans leurs écrits [2]. Ils embrassoient cette
terre chérie lorsqu'ils la revoyoient après
une longue absence [3], et lui adressoient en
mourant leur dernière pensée [4]. Les Hébreux,
dont la sensibilité étoit plus profonde, sup-
portoient même les humiliations de l'esclavage, plutôt que de quitter les champs

(1) .... Οὔτι ἔγωγε
Ἦς γαίης δύναμαι γλυκερώτερον ἄλλα ἰδέσθαι.
Hom. Od. 1, v. 27.

Amor patriæ, ratione valentior omni.
Ovid. ex Pont., L. 1, Ep. 3.

(2) *Le mot grec* νόστιμος, *qui veut dire, doux, agréable, étoit dérivé, par une heureuse métaphore, de
celui de* νόστος, *qui signifioit* retour chez soi ; *Ulysse,
comblé de biens par Calypso, ne demande aux dieux
que sa patrie : que ne donneroit-il pas pour revoir
seulement la fumée de son palais ?*

.... Αὐτὰρ Ὀδυσσεὺς,
Ἱέμενος καὶ καπνὸν ἀποθρώσκοντα νοῆσαι
Ἦς γαίης, θανέειν ἱμείρεται.........
Hom. Od. Α, v. 57.

(3)   Καὶ κύνει ἁπτόμενος ἣν πατρίδα.....
Hom. Od. Δ, v. 522.

(4) .... Et dulces moriens reminiscitur Argos.
Virg. Æn. L. x, v. 782.

de leurs aïeux, les tombeaux de leurs pères.
*Ils voyoient que le repos étoit bon , que
la terre étoit excellente , et ils baissoient
la tête sous le joug* [1]. Semblables à cette
mère du jugement de Salomon, ils préféroient
voir passer l'objet de leurs affections en des
mains étrangères, que de se résoudre à ne
plus le revoir [2]. Tant que les Juifs (dit Bossuet en suivant le texte sacré [3]) demeurèrent
dans un pays étranger et éloignés de leur
patrie, ils ne cessèrent de pleurer, et d'enfler,
pour ainsi parler, de leurs larmes les fleuves
de Babylone en se souvenant de Sion ; ils
ne pouvoient se résoudre à chanter leurs
agréables cantiques, qui étoient les cantiques
du Seigneur, dans une terre étrangère [4];

(1) Vidit requiem, quod esset bona, et terram
quod optima, et supposuit humerum suum ad por-
tandum, factusque est tributis serviens. *Gen. cap.*
49, v. 15.

(2) *L'Ecriture célébrant les vertus du roi Osias ,
le loue particulièrement d'être attaché à l'agriculture
et à son pays.* Erat quippe homo agriculturæ dedi-
tus. *Paralipomen. II, cap.* 26, v. 10.

(3) *Bossuet , Politique de l'Ecriture sainte, L. 1,
art.* 5, prop. 3.

(4) *Ps.* 136.

leurs instrumens de musique, autrefois leur consolation et leur joie, demeuroient suspendus aux saules plantés sur la rive, et ils en avoient perdu l'usage. O! Jérusalem, disoient-ils, si jamais je puis t'oublier, puissai-je m'oublier moi-même ! Ceux que les vainqueurs avoient laissés dans leur terre natale s'estimoient heureux, et ils disoient au Seigneur, dans les psaumes qu'ils lui chantoient durant la captivité : il est temps, Seigneur, que vous ayez pitié de Sion, vos serviteurs en aiment les ruines [1] et les pierres démolies; et leur terre natale, toute désolée qu'elle est, a encore toute leur tendresse et toute leur compassion. »

Ce récit ne peint-il pas nos sentimens et nos malheurs ! Ne rappelle-t-il pas l'existence pénible d'un grand nombre de Français errant loin de leur patrie, et le danger des prisons que d'autres préféroient à ce cruel exil ! Quel est celui qui retrouvant un coin de l'héritage de ses pères, n'a pas éprouvé une émotion semblable? avec quel attendrissement il aura reconnu le chemin qu'il a si

____

(1) *Ps. 101, v. 14 et 15.*

souvent parcouru, cette allée de saules qui entouroit son champ, le ruisseau près duquel il venoit s'asseoir ! mille circonstances frivoles peut-être, mais qui lui ont laissé des souvenirs éternels. Peut-être, s'il étoit riche, ne possède-t-il plus que la maison de son garde ou le moulin qui terminoit son parc ; mais aussi les privations ont réduit ses désirs. Ce n'est plus de ses aïeux qu'il hérite, c'est d'un sort cruel qui auroit pu lui tout enlever. L'habitant même de la chaumière aborde gaiement ses pauvres Pénates, plus chers à son cœur que les palais de l'étranger [1]. Ah ! s'il est permis de parler de soi en sortant du malheur général, que ne puis-je peindre ce que j'éprouvai à la vue d'un séjour charmant, habité encore par des êtres bien chers. En le revoyant je l'admirai avec cette émotion que nous causeroit un ami devenu supérieur à nous par sa fortune et sa puissance, et qui nous associeroit à toutes les deux. Une longue absence avoit encore embelli ce beau lieu ; les plantes s'étoient élevées jusqu'aux sommets des rochers,

---

(1) .... parvosque Penates
Lætus adit : .... *Virg. L. viii, v.* 543.

les arbres avoient étendu leurs branches
au-dessus de la rivière, et sembloient vou-
loir nous couvrir de leur ombre [1]. Un ami
de toute la vie, un compagnon d'armes,
ou plutôt un frère [2], revenoit habiter avec
moi cette douce retraite. Là, près de ces
belles eaux, en suivant le cours [3] de cette
rivière, nous nous rappelions nos dangers,
nos fatigues, et nous sentions mieux le prix
de notre nouvelle existence. Mais, hélas !
elle ne fut pas pour lui de longue durée, les
joies même du malheur sont trompeuses et
passagères; le besoin de la gloire vint l'in-
quiéter au milieu du repos; son nom étoit
illustre, et sa famille malheureuse; il ne se
crut pas en droit d'être oisif tant qu'il pouvoit
être utile; il partit, et bientôt le sort, qui
semble poursuivre ceux dont il a commencé
la ruine, l'atteignit dans sa course. Tristes

(1) Quâ pinus ingens, albaque populus
    Umbram hospitalem consociare amant
        Ramis.............. *Hor. L. ii, Od. 3.*
(2) .... Ἐπεὶ οὐ μέν τι κασιγνήτοιο χερείων
    Γίνεται, ὅς κεν, ἑταῖρος ἐὼν, πεπνυμένα εἰδῇ.
                    Hom. Od. Θ, v. 585.
(3) .... flumina nota
    Et fontes sacros,........ *Virg. Eclog. i, v. 52.*

jouets des temps! *venus trop tôt ou trop tard dans la vie*[1], c'est ainsi que nous nous sacrifions toujours à de nouvelles espérances. Ah! quittons enfin ces vaines chimères, et laissons à la génération qui s'élève un avenir qui n'appartient qu'à elle.

Cet attachement des Grecs et des Hébreux pour la vie tranquille, subsista dans les derniers temps et jusqu'au règne des Machabées, dont l'Écriture décrit la prospérité[2]. Il n'est pas étonnant que les peuples anciens fussent plus heureux que nous des bienfaits de la nature, et plus sensibles à ses beautés, ils n'avoient point ces souvenirs historiques qui grandissent l'espèce humaine et absorbent toute autre curiosité. Leur admiration se portoit sur les objets dont ils étoient entourés ; c'est dans l'harmonie de

(1) Ἀλλ' ἢ πρόσθε θανεῖν, ἢ ἔπειτα γενέσθαι.
Hes., Op. et D, v. 175.

(2) *Chacun cultivoit son champ paisiblement ; la terre de Juda étoit fertile, et les arbres de la campagne portoient leurs fruits ; les vieillards, dans les places, consultoient pour le bien du pays ; Israël étoit dans une grande joie, chacun étoit assis sous sa vigne et sous son figuier, et personne ne les inquiétoit.* Machab., L. 1, cap. 14.

l'univers qu'ils cherchoient la connoissance de la vérité, avec cette différence seulement que les beautés de la campagne parloient plus à l'imagination des Grecs, et plus au cœur des Hébreux. Les premiers peuploient la terre de leurs dieux [1], les autres de leurs souvenirs. Chaque arbre, chaque rivière rappeloit à ceux-ci une naïade, une nymphe, à ceux-là un événement de leur histoire, un nom de leurs patriarches. Les Hébreux associoient les belles productions des champs à leurs affections [2] : un arbre, un lieu marqué par quelque circonstance malheureuse [3] s'ap-

[1] Panaque, Sylvanumque senem....
Virg. G. L. II, v. 494.

[2] *Les Grecs n'étoient pas moins passionnés pour les belles productions de la nature que les Hébreux ; mais ils les rattachoient plutôt à des idées générales, qu'à des événemens particuliers. Ce dernier usage s'est mieux conservé dans l'Orient, où tous les noms arabes de lieux, de personnes ou de productions, sont composés de mots formés d'images relatives à quelques circonstances qui leur sont propres. On trouve même des traces de cette coutume dans les pays où ces peuples ont fait quelque séjour, comme en Espagne, où l'on voit* la fontaine d'Amour, le pont de la Veuve, le rocher des Amans.

[3] *La pierre de l'alliance, chez les Hébreux. Jo-*

peloient, *le chéne du deuil* [1], *la vallée des larmes* [2], de même qu'un des noms de leurs enfans [3] vouloit dire, *le fils de ma douleur.*

Ce culte attaché à des arbres qui rappellent quelques événemens intéressans ou quelques hommes célèbres est si naturel, qu'il a surmonté la sécheresse de nos temps modernes. On remarque dans la Biscaye le vieux chêne de *guernica,* sous lequel se tient encore l'assemblée des Etats du pays. Le mûrier que Shakspere avoit planté fut long - temps révéré en Angleterre. J'ai vu tomber le saule de la maison de Pope sur les bords de la Tamise, et tout le monde s'en disputer les débris. Mais quel intérêt plus touchant encore devoit présenter *ce chéne royal* [4], cet arbre heureux qui avoit sauvé la vie à

sué, 24, 26. *La fontaine du jugement.* Genes. cap. 14, v. 7.

(1) Quercus fletus. *Gen. 35 , v. 8.*

(2) *Psaume 83 , v. 7. Judic. 1 et 2 Rois, caput V , 23.*

(3) Nomen Ben - oni, id est, filius doloris mei. *Gen. 35 , v. 18.*

(4) Say, Daphnis, say, in what glad soil appears
A wondrous tree that sacred monarchs bears.
Pope , Pastorals. Spring , v. 85.

Charles II, après la bataille de Worcester !
Que cet arbre antique devoit paroître véné-
rable au soldat fidèle, qui ayant repris malgré
lui ses anciens habits de paysan regagnoit
tristement ses foyers et passoit auprès de ce
lieu en versant des larmes sur le malheur de
son maître !

Nous avons aussi dans notre histoire des
souvenirs semblables. De nos jours on voyoit
encore quelques ormes qui portoient le nom
respecté de M. de Rosni. On montra long-
temps, dans le bois de Vincennes, un chêne
au pied duquel S. Louis rendoit la justice [1].
« Maintefois ai vu, dit Joinville, que le bon
» Saint après avoir ouï messe en été, il se
» alloit ébattre au bois de Vincennes et se
» seoit au pied d'un chêne et nous faisoit
» seoir tous auprès de lui, et tous ceux qui
» avoient affaire à lui venoient lui parler
» sans que aucun huissier ne autre leur don-
» nât empêchement. » Il est peu de Français
qui, ayant voyagé en Allemagne, n'aient vi-
sité le monument de Saltzbach, élevé à la

---

(1) *JOINVILLE, Collection des Mémoires de l'histoire de France, tom. Ier. pag. 26.*

mémoire de Turenne sur la place même où ce grand homme a péri; non loin de l'obélisque on voyoit le noyer sous lequel il s'étoit assis le matin du jour de sa mort : cet arbre, à moitié détruit par le temps, sembloit ne se soutenir dans les siècles que pour retracer l'image du vieux guerrier. De pauvres Français que leur existence errante conduisoit dans ce lieu, se croyoient un moment transportés sur le sol de la France et dans les beaux temps de son histoire [1].

Les Grecs, parvenus à la civilisation, ne se bornèrent plus à la vie primitive, et ils apportèrent à la campagne tous les goûts et toutes les occupations qu'elle inspire. C'est alors que l'on peut reconnoître chez eux cette distinction que nous avons faite plus haut entre la vie tranquille, les travaux champêtres et l'étude. Ce premier état se conservoit dans les vallées de l'Attique, de l'Arcadie, de l'Hélicon, où les peuples vi-

(1) *Parmi les arbres historiques on peut encore placer les quatre pommiers que Henri IV avoit indiqué pour lieu de ralliement à son armée, et le groupe d'arbres qu'on a conservé dans la plaine de Saint-Denys pour marquer l'endroit où fut tué Anne de Montmorency.*

voient heureux au milieu des temples de
leurs dieux et des tombeaux de leurs ancêtres ; c'est là qu'ils chantoient les souvenirs
de Daphnis et d'Orphée, héros de la vie pastorale. Ils attribuoient au premier l'invention
de la Poésie [1], à l'autre celle de la Morale,
et cherchoient à leur ressembler par la pureté de leur cœur ou la culture de leur esprit.
Euripide nous a conservé une peinture charmante de ces temps simples et de la vie or-
phique dans le caractère d'Hippolyte, au
moment où ce prince offre à Diane une couronne de fleurs : recevez, dit-il [2], ô déesse,
la couronne que j'ai cueillie dans une prairie

(1) *Les chants des bergers de l'Arcadie ou de la
grande Grèce étoient dans l'origine de simples airs
de montagne, comme ceux que l'on connoît en Au-
vergne,* et le rans des vaches *en Suisse. On en peut
juger par un fragment de la 10ᵉ. idylle de Théocrite,
intitulée* Des moissonneurs. *Ce poëte, d'après des
traditions conservées ainsi dans les montagnes, com-
posa ses charmantes idylles, comme de nos jours,
Macpherson profitant de quelques poésies Erses, fit
les chants d'un poëme guerrier. La tradition du
Nord et le ciel nébuleux de la Calédonie devoient
inspirer la guerre, et le beau climat de l'Attique les
charmes du repos.*

(2) *HIPPOLYTUS, v. 73.*

où l'herbe épargnée par la faulx n'est jamais profanée par l'avidité des troupeaux; il est permis à l'abeille d'en sucer les fleurs arrosées par l'innocence, et ceux à qui la nature a accordé la tempérance peuvent seuls les cueillir: les méchans n'y ont point accès. Ornez-en votre tête céleste, soyez propice à la piété sincère et à la jeunesse timide! Seul entre les mortels, j'ai vécu près de vous, je vous entends, je vous réponds sans vous voir. Faites, ô déesse, que je termine ma carrière comme je l'ai commencée!

Pour achever ce tableau, le poëte nous présente les regrets de Phèdre portant sur les mêmes objets que le bonheur d'Hippolyte. Que ne puis-je, dit-elle [1], m'occuper encore à puiser de l'eau pure dans la rosée de la source, et couchée dans la prairie émaillée de fleurs, me reposer à l'ombre des peupliers!

De même que le souvenir de Daphnis avoit été l'origine des poésies pastorales, de même celui d'Orphée fut le principe de l'institut de Pythagore et des autres sectes philosophiques.

(1) *HIPPOLYTUS, v.* 208.

Enthousiastes comme lui des beautés de la nature, les philosophes avoient choisi pour lieu de leurs séances et de leurs habitations des jardins situés près d'Athènes, entre les bords de l'Ilisse et ceux du Céphise; des bosquets de verdure étoient le lieu de leur séance, et des cabanes couvertes de chaume, leur demeure et celle de leurs disciples. Les Épicuriens étoient établis au centre, les disciples de Platon au Nord, et ceux d'Aristote au Midi; une allée d'oliviers et de myrtes séparoit les systèmes [1] ; et c'est au milieu de ces beaux sites de la campagne que se formoient les plus grands hommes de la Société. Tandis que l'Egypte cachoit dans ses temples mystérieux des pratiques austères, que les autres peuples se livroient à tous les genres de superstitions, Socrate, assis sous un platane dans les jardins de l'Académie, apprenoit aux hommes la morale, l'amour de l'ordre, et la pratique de toutes les vertus.

Deux de ses disciples, Xénophon et Platon, écrivirent son histoire et développèrent sa doctrine. Tous deux nous ont laissé d'ad-

(1) *Pauw*, *Recherches sur les Grecs*, *tom. 1*, *section I*ʳᵉ., *§ 4.*

mirables exemples, l'un de la vie champêtre active, l'autre de la vie contemplative. Xénophon, plus homme d'état que philosophe, plus guerrier peut-être qu'homme d'état, met dans ses occupations et dans ses écrits la régularité d'un homme de guerre. Il emploie pour l'administration de ses biens, pour le gouvernement de sa maison, l'ordre qu'il avoit appris dans les armées. Ses heures étoient réglées ; chaque pièce de sa maison avoit sa destination, de même que chaque esclave son emploi. Enfin il nous a laissé dans ses *Économiques*, qui ne sont que le tableau de sa vie privée, les meilleures règles de conduite d'un grand propriétaire à la campagne; c'est par elles que l'on peut juger de la vie que menoient les principaux d'entre les Grecs qui habitoient les riantes collines de l'Attique ou du Péloponèse. On y voit la succession de leurs exercices, tels que la chasse, l'équitation, les travaux agricoles, etc. A cette vie active de Xénophon, il est curieux d'opposer celle de Platon, entièrement consacrée à la contemplation et à l'étude : la raison sembloit conduire le premier dans toutes ses occupations, et le génie entraîner l'autre.

Platon étoit passionné pour les beautés de la nature avant de s'appliquer à l'examen de la morale et de la politique; il étoit poëte avant d'être philosophe, et peut-être auroit-il égalé Homère s'il n'avoit voulu surpasser Socrate.

Cette disposition de caractères et de systèmes avoit dirigé ces deux personnages dans le choix des lieux qu'ils habitoient. Xénophon faisoit valoir près de Sélinonte un grand domaine composé de champs labourables, de vignes, de bois, de prairies, propre également à tous les genres de travaux champêtres ou d'exercices du corps; et Platon donnoit ses leçons au milieu des bosquets de l'Académie, du Gymnase, sur les bords fleuris des ruisseaux, à l'ombre de grands arbres, près des statues de Mercure et de l'Amour. Lui-même nous dépeint d'une manière charmante les lieux qu'il se plaisoit à parcourir, et qui sembloient l'inspirer: « mon Dieu, le bel endroit, s'écrie-t-il! que ce platane haut et touffu plaît à la vue! les fleurs dont ces arbustes sont couverts répandent au loin un

(1) *PLATON*, in Phædro, *au commencement.*

agréable

agréable parfum. Qui ne seroit charmé de cette fontaine dont l'eau est si fraîche et si pure ! ses bords sont parés d'offrandes, et font voir qu'elle est consacrée aux nymphes et au fleuve Acheloüs. Sentez-vous ce doux zéphir qui rafraîchit l'air que nous respirons et qui mêle son souffle au chant harmonieux des cigales ! mais ce qui met le comble aux agrémens de ce lieu, c'est cette pente douce que la nature semble avoir exprès revêtue de gazon pour inviter ceux qui passent à s'y reposer. Non, Phèdre, vous ne pouviez m'amener dans un lieu plus délicieux ! Platon représente ailleurs trois vieillards discourant ensemble sur les lois, à l'ombre de hauts cyprès, et ces deux descriptions rappellent les beaux sites de nos jardins [1] irréguliers.

On peut juger combien un séjour tranquille et agréable paroissoit nécessaire à l'étude, par le testament de Théophraste [2], qui distribue à ses disciples différens legs, suivant leurs caractères et leurs goûts. « Je donne,

______

(1) *PLATON, au commencement du Dialogue des Lois.*

(2) *DIOGÈNE-LAËRCE,* in Theophrasto.

dit-il, à Callinus la métairie que j'ai à Stagire, Nélée aura mes livres, et je consacre mon jardin avec l'endroit qui sert à la promenade et tous les logemens qui appartiennent au jardin, à ceux de mes amis que je spécifie dans ce testament, et qui voudront s'en servir pour passer le temps ensemble et s'occuper de la philosophie ; parce qu'il est impossible que tout le monde puisse voyager. Je stipule cependant qu'ils n'aliéneront point ce bien, et que personne ne se l'appropriera en particulier ; mais qu'ils le posséderont en commun comme une propriété sacrée, et en jouiront amicalement. Ceux qui auront part à ce don sont Hipparque, Nélée, Straton, etc. Il dépendra pourtant d'Aristote, fils de Mydias et de Pythias, de participer au même droit s'il a du goût pour la philosophie ; et alors les plus âgés prendront de lui tout le soin possible, afin de lui faire faire des progrès. On m'enterrera dans le lieu du jardin qu'on jugera le plus convenable, sans faire aucune dépense superflue pour mon cercueil ou pour mes funérailles. » Ces Sages se transmettoient ainsi leurs héritages et leurs tombeaux, et l'union qui régnoit entre eux leur tenoit lieu de parenté. *C'étoit une génération qui ne s'éteignoit jamais, sans pourtant se reproduire,* suivant la belle expression de Pline[1] en parlant des Esséniens. Leur revenu s'augmentoit par des donations semblables, et toutes les sectes, quoique divisées entre elles de doctrine, s'accordoient toutes sur le bonheur de la vie tranquille. Épicure fit un testament à peu près semblable à celui de Théophraste, et les habitations de ses disciples, d'accord avec son système, étoient beaucoup mieux entretenues, leurs jardins plus agréables que ceux des autres ; tandis que les Stoïciens, qui seuls s'écartoient de ces idées douces, faisoient entendre leur morale sévère sous les réguliers portiques d'Athènes près des statues des grands hommes. Les poëtes, semblables aux philosophes, étoient passionnés pour le repos et la vie oisive, *otii quietisque cupidissimi*[2]. Délicieuse Cyparisse, chantoit Pindare, reçois mon hom-

(1) Ita per sæculorum millia (incredibile dictu) gens æterna est, in quâ nemo nascitur. *Liv. v*, ch. xvii.

(2) *Velleius Paterculus, Hist., L. i, vii,* en parlant d'Hésiode.

mage ! Chez toi je ne possède qu'un peu de terre, mais j'y vis en paix, exempt de larmes et de soucis rongeurs.

Nous parlerons dans un autre article des habitations des Grecs, de leurs jardins, n'ayant eu pour but, dans celui-ci, que d'indiquer les différentes dispositions qui leur faisoient aimer la campagne. Ces institutions se soutinrent long-temps encore sous la domination des Romains, qui, maîtres du monde, occupent seuls tous les siècles suivans et commencent une nouvelle époque dans l'histoire des hommes.

Rome n'estima la Grèce qu'après l'avoir dévastée, et lorsqu'elle ne méritoit plus les hommages qu'elle lui rendit ; mais elle lui dut cependant ses arts et sa législation. Ses guerriers barbares furent civilisés [1] par les peuples qu'ils vainquirent. Bientôt on les vit suspendre leurs couronnes de laurier au soc de leurs charrues, *et les champs du Latium s'enorgueillirent d'être cultivés par des*

____

(1) Græcia capta ferum victorem cepit, et artes
Intulit agresti Latio. . . . .
                              Hor. Ep. 1, *L.* ii, *v.* 156.

mains triomphantes [1]. Chacun, dans l'origine, ne pouvoit posséder que quatre arpens
de terre qu'il labouroit lui-même, n'ayant ni
le droit ni les moyens de nourrir des esclaves:
les terres n'en étoient que mieux cultivées,
comme elles le sont en général dans les pays
de petite culture; mais les bâtimens étoient
peu commodes, et les productions peu
abondantes. C'est ainsi que vivoient Regu-
lus, Curius Dentatus, Fabricius, et surtout
Cincinnatus, que son amour pour les champs
a rendu aussi célèbre que ses victoires. L'usage
de diriger au moins les travaux de ses terres,
fit tourner au profit de l'agriculture toutes
les connoissances que donnent une longue
habitude et l'expérience des temps. Il devoit
être en honneur de se distinguer par quelques
progrès dans une science que tout le monde
étoit obligé de connoître; c'est pourquoi les
Anciens s'honoroient de porter des surnoms
pris des différentes productions dont ils avoient
enrichi la culture. Je n'examinerai point ici
quel étoit le produit des terres, les différens
procédés de labour, de semence, de récolte,

______

(1) Vomere laureato et triumphali aratore. *PLINE*,
L. XVIII, ch. III.

cette question a été traitée en détail, et intéresse principalement les amateurs de l'agriculture; il suffit d'observer que les habitations
étoient divisées à peu près comme de nos
jours, en maison du propriétaire, et en
fermes; ces deux sortes d'édifices contigus
l'un à l'autre étoient plus ou moins considérables, suivant l'étendue du terrein et le caractère du maître. Le sévère Caton n'avoit
qu'une espèce de chaumière où tout étoit consacré à l'exploitation ; là il mettoit en pratique
les préceptes qu'il nous a laissés sur l'agriculture.

Scipion habitoit à Linterne une maison de
campagne assez semblable à un château fort [1]

(1) *Pline dit également que Marius fit régner
dans la distribution de sa maison de campagne et de
ses jardins l'ordonnance des camps. Il semble en
effet qu'un vieux guerrier, pour qui les champs et
les bois ont toujours été le théâtre de manœuvres
militaires, doit trouver leur aspect bien monotone
lorsqu'il n'a plus de rapport avec sa vie passée : il
se sert alors de ces mêmes objets pour représenter les
circonstances qui l'ont le plus intéressé; il y consacre
les bois, les eaux, les fleurs. Le parc de Blenheim,
avant d'avoir été changé par Brown, étoit une imitation de la bataille de ce nom. On voit dans un château du comté de Suffolk, en Angleterre, le plan d'un*

qui se trouvoit ainsi analogue à sa vie guerrière ; Sénèque nous en a laissé la description
suivante [1]. « C'est de la maison de campagne
de Scipion l'Africain que je vous écris, après
avoir rendu hommage aux Mânes de ce grand
homme sur une éminence où je soupçonne
que reposent ses cendres. Je ne doute pas
que l'âme de ce héros ne soit remontée au
ciel d'où elle étoit descendue, non parce
qu'il a commandé de nombreuses armées,
mais à cause de sa modération merveilleuse
et de sa rare piété. »

« J'ai vu sa maison de campagne, bâtie
en pierres de taille, environnée d'un mur

*jardin planté par Le Nôtre, dans lequel chaque
massif est disposé sous la forme d'un régiment et
en porte le nom. La maison de sir Sidney Smith, à
Douvres, a la forme et la couleur d'un vaisseau sur
le chantier ; comme la mer baigne un des côtés des
murs, l'illusion est complète. Un de nos généraux
distingués, retiré à Choisy-sur-Seine, s'étoit composé
un parterre de fleurs que l'on renouveloit toute l'année.
Chaque compartiment avoit sa couleur et son intention, et d'un balcon de sa maison le général envisa-
geoit toute sa petite armée, qui lui rappeloit ses
souvenirs chéris :*

. . . . . . *veteris vestigia flammæ.* *Æn. L. IV, v.* 23.

(1) *Epist.* 186.

qu'entouroit une forêt, et flanquée de tours qui lui servoient de fortifications; au bas de la maison et des jardins est une citerne profonde, le bain est étroit et sombre : ce fut un grand plaisir pour moi de comparer les mœurs de Scipion avec les nôtres. C'étoit dans ce réduit obscur que ce héros, la terreur de Carthage, à qui Rome doit de n'avoir été prise qu'une seule fois, baignoit son corps fatigué des travaux de l'agriculture, après s'être exercé par des ouvrages pénibles et avoir dompté la terre, selon la coutume des anciens Romains. » En butte aux intrigues de Rome, il ne trouvoit de repos qu'éloigné de la ville et dans l'oubli total des affaires publiques. « J'ai souvent ouï dire (dit Crassus [1]), à mon beau-père Scævola, que son beau-père Lælius alloit presque toujours à la campagne avec Scipion, et que sitôt qu'ils pouvoient rompre leurs chaînes et mettre le pied hors de Rome, ils devenoient comme des enfans. Je n'oserois le dire de ces grands hommes, mais enfin Scævola m'a conté mille fois que quand ils étoient en-

____

(1) *Cic. De Orat. L. II.*

semble à Gaëte ou à Laurentum, ils se plaisoient à ramasser des coquillages et des petits cailloux, et qu'il n'y avoit point de jeux et de folies qu'ils ne fissent pour s'amuser [1]. »

Cette race d'anciens Romains, sans ambition et sans mollesse, s'éteignit sous le règne d'Auguste ; et près de leurs simples demeures on vit s'élever les palais de Lucullus, de Claudius, qui paroissoient des villes entières ; les *Albanum* de Pompée, de Marius, de Sylla, peuplés d'une multitude d'esclaves. Il en étoit de ces édifices comme des monumens élevés aux frais de l'État. Les ouvrages du temps de la république avoient été grands et majestueux, mais seulement utiles ; c'étoient des aqueducs, des cloaques, des voies militaires : bientôt on ne parla plus que de temples magnifiques, d'amphithéâtres en pierre,

[1] *Parmi tant d'admirables actions de Scipion l'ayeul, dit Montaigne, il n'est rien qui luy donne plus de grace que de le voir nonchalamment et puerilement baguenaudant à amasser et choisir des coquilles, et jouer à cornichon, va devant le long de la marine avec Lælius ; et s'il faisoit mauvais temps, s'amusant et se chatoüillant à représenter par escrit en comédies, les plus populaires et basses actions des hommes.* ESSAIS, L. III, page 527.

de thermes et de naumachies, où tous les métaux précieux, tous les marbres de l'Orient furent prodigués. Les mœurs changèrent à Rome en même temps que la constitution de l'empire : cette ville superbe, qui donnoit au monde des lois ou des chaînes, n'inspiroit plus à ses habitans cet attachement exclusif et passionné qu'elle avoit excité lorsque sa fortune étoit incertaine. Le sentiment de la patrie se resserre à mesure que la patrie s'étend. La victoire ne cause plus d'enthousiasme, lorsqu'elle ne procure plus d'avantages. Les Romains trouvant partout des victimes et nulle part des compatriotes, fatigués de domination au dehors et d'esclavage au dedans, ne pensoient plus qu'à se procurer un asyle pour finir leurs jours, un tombeau pour renfermer leurs cendres.

> *Sit meæ sedes utinam senectæ;*
> *Sit modus lasso maris et viarum*
>   *Militiæque* [1].

Le goût pour la campagne devint alors la passion dominante. Aux travaux agricoles, seules jouissances des champs avant cette épo-

(1) *Hor. L. ii, Od. 6.*

que, se joignirent les plaisirs que procure l'étude de la nature, des lettres et de la philosophie. Les progrès dans les sciences parurent les seules conquêtes dont on pouvoit encore être flatté, et les plaisirs des sens, préférables à ceux de l'imagination. Le gouvernement modéré d'Auguste permit à chacun de choisir parmi les occupations de la vie retirée celles qui convenoient le plus à son caractère. Les uns, comme Lucullus, Crassus et Claudius, étaloient à la campagne les richesses qu'ils avoient bien ou mal acquises dans leurs divers emplois; d'autres, comme Horace, Catulle, Lucrèce, Properce, Gallus, menoient à la campagne la vie tranquille et sage des disciples d'Epicure. Cicéron, dans les beaux temps de la république, y représentoit Platon, dont il suivoit l'exemple et la doctrine. Auguste lui-même, pour condescendre peut-être à ce goût général, eut l'air de le partager. Il parloit sans cesse du besoin qu'il avoit de repos, *ut sibi pararet otium* [1]. Je ne vous demande, disoit-il aux Romains, pour toute marque de votre recon-

____

(1) *Sen.* in libro de brevitate vitæ.

noissance, que de me permettre de vivre tranquille [1]. Cette apparence de philosophie prouvoit moins sa modération que le goût dominant de son siècle.

Le mérite, qui se bornoit quelque temps avant à posséder les terres les mieux cultivées, les champs les plus fertiles, consistoit alors à réunir des bâtimens les plus considérables, des parcs enrichis des statues de la Grèce, des arbres de l'Asie, des marbres de l'Orient. Cicéron lui-même avoit donné l'exemple de ce genre de luxe et lui trouvoit quelque chose de noble. Je désire (écrivoit-il à Atticus [2]) me procurer des jardins au-delà du Tibre, surtout à cause de l'honneur qui me semble attaché à ces sortes de possessions. Il y auroit dans les environs une maison de campagne à acquérir, dit-il ailleurs [3] ; mais elle n'a ni cette grandeur ni cette propreté

(1) *Dion*, *Discours d'Auguste aux Romains*.

(2) Cogito trans Tiberim hortos aliquos parare, et quidem ob hanc causam maxime. Nihil enim video quod tam celebre esse possit. *Cic. ad Att. L. xii, Ep.* 20.

(3) Villula sordida et valde pusilla; nihil agri; ad aliam rem loci nihil, satis ad eam quam quæro. Sequor celebritatem. *Cicér. ad Att. L. xii, Ep.* 27.

en quoi consiste la célébrité que je cherche. »
On mettoit une attention particulière à bien
choisir la situation des maisons de campagne :
la plupart s'avançoient dans la mer [1], ou
dominoient les belles plaines des environs
de Rome. Les lieux les plus fréquentés
étoient les collines de Tibur [2], aujourd'hui
Tivoli ; la fraîche Préneste [3], la montueuse
Sabine, et surtout Bayes, célèbre par ses
eaux [4], Bayes consacré à Vénus, et aux
Amours [5]. Les Romains y varioient à l'in-

[1] Cùm jam fessa dies, et in æquora montis opaci
    Umbra cadit, vitréoque natant prætoria ponto.
                                    Statius, *Sylv.* *Sorrent. Poll.*
   Contracta pisces æquora sentiunt,
    Jactis in altum molibus : huc frequens
       Cæmenta demittit redemtor
        Cum famulis, dominusque terræ
   Fastidiosus . . . .
                                Hor. L. III, Od. 1.
[2] Sed quæ Tibur aquæ fertile præfluunt,
    Et spissæ nemorum comæ.
                                Hor. L. IV, Od. 3.
[3] Æstivæ Præneste deliciæ.
                           Florus, L. I, cap. 4.
[4] Nullus in orbe sinus Baiis prælucet amœnis.
                              Hor. Ep. 1, L. 11.
[5] Littus beatæ Veneris, Baias.
                            Mart. L. X, Ep. 81.

fini leurs amusemens. Le mot *Rusticari*
comprenoit la chasse, la pêche, l'exercice à
cheval, à pied[1], en litière, la lecture, etc.
Il comprenoit même le repos et la perte du
temps, le *dolce far niente* de l'Italie. J'ai pris
tellement de goût pour le repos, dit Cicéron[2],
que l'on ne peut m'en arracher : tantôt je m'a-
muse de mes livres, tantôt je compte les flots
de la mer, qui baignent ma maison. Auguste
pêchoit à la ligne[3], et Martial apprivoisoit
des poissons[4]. Tandis que Varron, Columelle,
Palladius, Caton le censeur, considérant l'agriculture comme une science, écrivoient pour
avancer ses progrès, Virgile en peignoit les
travaux pour en faire connoître le bonheur.

(1) *Ambulatio et gestatio*
Sed gestatio, fabula, libelli,
Campus, porticus, umbra, virgo, thermæ;
Hæc essent loca semper, hi labores.
                    *M*ART. *L. v*, *Ep.* 20.

(2) Sic enim sum complexus otium, ut abeo di-
velli non queam. Itaque aut libris me delecto, quo-
rum habeo Antii festivam copiam: aut fluctus nu-
mero. *C*ICER. *ad Att. L. ii*, *Ep. 6.*

(3) Animi laxandi causa, modo piscabatur hamo.
                    *S*UET. *de Aug.*, *cap. 83.*

(4) *M*ART. *L. iv*, *Ep. 30.*

Il décrit également les occupations des laboureurs [1] et la vie oisive des bergers [2], la richesse des productions des champs et les scènes solitaires des forêts. Tout est animé dans les Géorgiques. Tout est calme et mystérieux dans les Eglogues. On voit dans les unes l'activité de la campagne, dans les autres sa douceur et son repos. Virgile fait déplorer à ses bergers le malheur des temps, qui trouble seul leur douce existence ; il leur fait chanter les regrets de quitter une patrie qu'ils chérissoient [3] ; le bonheur [4] de revoir, après une longue absence, le toit paternel couvert

(1) Quid faciat lætas segetes : quo sidere terram
   Vertere.............. *Virg. Georg. L. 1, et*
le charmant Episode du vieillard qui cultive son jardin, dans le IVe. *livre des Géorgiques, v. 125.*

(2) .....patulæ recubans sub tegmine fagi.
                    Virg. Ecl. 1.

(3) En unquam patrios longo post tempore fines,
   Pauperis et tuguri congestum cespite culmen,
   Post aliquot, mea regna videns, mirabor aristas ?
                    Virg. Ecl. 1.

(4) Vos quoque felicis quondam, nunc pauperis agri
   Custodes, fertis munera vestra, Lares.

   Non ego divitias patrum, fructusque requiro,
   Quos tulit antiquo condita messis avo.

de chaume. Tibulle, comme lui, avoit re-
trouvé une partie de l'héritage de ses pères :
et bornant tous deux leurs désirs à leur fortune [1], ils suivoient la philosophie de Lucrèce, dont ils avoient imité l'un et l'autre
le style descriptif [2].

Plus épicurien encore dans ses mœurs et
dans ses principes, Horace nous a vraiment
laissé le tableau de la vie indépendante du
philosophe et de l'homme de lettres. Sa maison, située à Tibur dans le pays des anciens [3]
Sabins, réunissoit les qualités que les Romains cherchoient le plus, la salubrité, la
fraîcheur et une belle végétation ; elle do-

Parva seges satis est : satis est, requiescere tecto
Si licet, et solito membra levare toro.
Tib. L. 1, El. 1.

(1) Regum æquabat opes animis.......
Virg. Georg., L. iv.

(2) Attamen inter se prostrati in gramine molli
Propter aquæ rivum, sub ramis arboris altæ,
Non magnis opibus jucunde corpora habebant ;
Præsertim cum tempestas ridebat, et anni
Tempora pingebant viridantes floribus herbas.
Lucret., L. v.

(3) Satis beatus unicis Sabinis. *Hor. Od. 18, L. ii.*
...... Opera agro nona Sabino.
Hor. Sat. 7, L. ii.

minoit

minoit une vallée ¹ couverte de bois, d'où l'on entendoit le bruit de la source Albulnea, et l'Anio ou le Teverone ² qui se précipitoit sur des rochers. Satisfait de ce séjour, qu'il tenoit des bienfaits de Mécène ³, il ne demandoit plus rien à son ami 4 : quelques champs labourables, un jardin, une source près de l'habitation, un petit bois, tels avoient été ses désirs ⁵, et les dieux lui avoient accordé davantage.

C'est là qu'errant au milieu des vergers arrosés de mille ruisseaux ⁶, ou dans le bois sacré de Tibur, il composoit ses éloges de la

(1) .... opacâ
    Valle....................
    Hæ latebræ dulces......... *Hor. Ep. 16, L. 1.*

(2) ..... domus Albuneæ resonantis
    Et præceps Anio.......... *Hor. Od. 7, L. 1.*

(3) .... Nec potentem amicum
    Largiora flagito. *Hor. Od. 18, L. 11.*

(4) Hoc erat in votis! modus agri non ita magnus,
    Hortus ubi, et tecto vicinus jugis aquæ fons,
    Et paulum Sylvæ super his foret.

(5) .... Auctius atque
    Di melius fecere. Bene est.......
                      Hor. Sat. 6, L. 11.

(6) ..... ac Tiburni lucus, et uda
    Mobilibus pomaria rivis. *Hor. Od. 7, L. 1.*

campagne, ses satyres sur Rome, et ses préceptes pour les poëtes [1]. Là, il chantoit Lalagé au doux sourire [2], au doux langage, ou bien Chloé, pour laquelle il auroit voulu mourir si les dieux avoient consenti de la préserver à ce prix [3]. Quelquefois accablé par la chaleur [4], il appuyoit sa tête sur un rocher couvert de mousse [5], et s'endormoit à l'ombre d'un chêne antique [6] et au bruit d'une source qui tomboit lentement du milieu des rochers [7].

(1) .....Circa nemus uvidique
  Tiburis rivos, operosa parvus
    Carmina fingo.   *HOR. Od. 2, L. IV.*

(2) Dulce ridentem Lalagen amabo,
    Dulce loquentem.   *HOR. Od. 22, L. I.*

(3)   Pro qua non metuam mori,
  Si parcent animæ fata superstiti.
              HOR. Od. 9, L. III.

(4) ..... nunc viridi membra sub arbuto
  Stratus, nunc ad aquæ lene caput sacræ.
              HOR. Od. 1, L. I.

(5) ... Musco circumlita saxa... *HOR. Ep. 10, L. I.*

(6) ...Modò sub antiqua ilice. *HOR. Od. 2, L. V.*

  ... sub alta vel platano, vel hac
  Pinu jacentes.......... *HOR. Od. 11, L. II.*

(7) ... cavis impositam ilicem
    Saxis, undè loquaces
      Lymphæ desiliunt.. *HOR. Od. 13, L. III.*

Le soir, assis sous le portique de sa maison
avec quelques amis du voisinage, il faisoit
des repas que les dieux auroient enviés [1].
Jeunes-gens [2], disoit-il à ses esclaves, apportez des parfums et des roses, faites-nous des
couronnes de myrte [3], dites à la belle *Neera*
de venir nous trouver [4], et de nouer de fleurs
ses beaux cheveux! mais surtout apportez de
mon vieux vin de Cæcube [5], supérieur à celui
des pontifes [6]. Mes amis, videz cette am-
phore, elle est née en même temps que moi [7],
sous le consulat de Manlius; buvons sans

(1) O noctes, cœnæque Deûm !...*Hor. Sat. 6, L. ii.*

(2) I, pete unguentum, puer, et coronas.
Hor. Od. 14, L. iii.

(3) .... apricos necte flores,
Necte meo Lamiæ coronam.
Hor. Od. 26, L. i.
.... viridi nitidum caput impedire myrto.
Hor. Od. 4, L. i.

(4) Dic et argutæ properet Neæræ,
Myrrheum nodo cohibente crinem.
Hor. Od. 14, I. iii.

(5) .... Cæcubum
Cellis avitis............*Hor. Od. 37, L. i.*

(6) Pontificum potiore cœnis. *Hor. Od. 14, L. ii.*

(7) .... nata mecum, consule Manlio.
Hor. Od. 21, L. iii.

crainte, le vin adoucit les chagrins des sages [1] et rétablit l'espérance dans les cœurs [2] abattus; et pourquoi songerions-nous aux peines de la vie! déjà la nuit du trépas s'avance [3], les ombres des mânes errent autour de nous, tôt ou tard il faudra se rendre au palais de Pluton, et de tous les beaux arbres que nous avons plantés, le cyprès seul [4] suivra son maître.

Telle étoit à peu près l'existence des Romains les plus célèbres de ce temps. La doctrine d'Epicure étoit devenue le sentiment général; elle paroissoit même avoir cessé d'être immorale depuis qu'elle n'étoit plus impolitique. Les particuliers avoient moins besoin des anciennes vertus, lorsque l'État ne

(1) .... tu sapientium
    Curas et arcanum jocoso
      Consilium retegis Lyæo. *Hor. Od.* 21, *L. iii.*

(2) Tu spem reducis mentibus anxiis.
           Hor. Od. 21, *L. iii.*

(3)   Jam te premet nox, fabulæque Manes,
    Et domus exilis Plutonia... *Hor. Od.* 4, *L. i.*

(4) Te, præter invisas cupressos,
    Ulla brevem dominum sequetur.
         Hor. Od. 14, *L. ii.*

réclamoit plus les anciens services; ils ne se devoient qu'à eux-mêmes; et l'oisiveté, qui jadis eût été une honte, étoit en quelque sorte un état reconnu que l'on n'avoit pas besoin d'acheter par l'âge, par les fatigues ou les malheurs. La douceur de cette existence se faisoit depuis long-temps sentir aux âmes les plus fortes, et Cicéron lui-même l'auroit adoptée, si l'amour de la vertu ne lui avoit fait suivre le système de Platon, comme l'amour de la patrie l'entraînoit dans les affaires publiques. Combien de fois ne le vit-on pas regretter sa gloire et calculer ses obligations pour tâcher de s'y soustraire, lorsqu'il sentoit l'inutilité de ses démarches. Il examinoit alors jusqu'à quel point on étoit maître de suivre [1] ses penchans; s'il est permis dans les temps de troubles à un bon citoyen de rester à l'écart; si, après avoir tout fait pour sa patrie, on ne peut pas faire quelque chose pour soi-même et pour sa famille, et laisser le soin des affaires à ceux qui tiennent le gouvernail. Elevé dès l'enfance au milieu des beautés de la nature, il avoit appris à en

____

(1) *Cicer. ad Att. L.* ix , *Ep.* 4.

sentir tout le prix. La maison de ses pères étoit située près d'Arpinum, dans un des lieux les plus agréables que l'on puisse voir; le Fibrene, qui baignoit ses murs, se divisoit en deux bras pour former une île remplie d'arbres et de plantes, et venoit se jeter par une chute très-haute dans le Liris. La clarté, la fraîcheur, la rapidité de l'eau qui descendoit avec un doux murmure entre les rochers, la verdure des bords, l'ombre des peupliers, la cascade naturelle du Fibrene, que Cicéron s'est plu à nous décrire lui-même [1], faisoient de ce séjour un lieu enchanteur; il est encore célèbre en Italie sous le nom d'*isola di sora*. C'est de là que ce grand homme partit pour se livrer à l'étude et aux affaires publiques, pour sauver Rome, être appelé le père de la patrie, et se distinguer également dans l'éloquence et les belles-lettres, jusqu'au moment où l'exil vint interrompre cette brillante carrière. De retour à Rome et rentré dans la possession de ses biens, il s'appliqua à rétablir ses maisons de campagne et à en acheter de nouvelles; tout le temps qu'il

____

(1) *Cicer. De Legib. L.* ii.

pouvoit dérober au barreau et aux affaires publiques, il le passoit à Tusculum, à Formie, à Antium, à Asture, à Pouzzoles, qu'il choisissoit suivant les différentes saisons de l'année ou les différentes situations de son esprit. Tusculum étoit le lieu qu'il préféroit à tous les autres et qu'il avoit orné avec le plus de luxe et de goût. Enthousiaste de la philosophie des Grecs il avoit voulu en imiter jusqu'aux moindres usages. Il avoit cherché à reproduire les lieux qu'habitoient les philosophes et à présenter une image fidèle de la vie qu'ils menoient, comme il traduisoit et analysoit leurs systèmes peu connus encore des Romains. A cet effet il fit bâtir des portiques [1], planter des jardins comme à Athènes; il leur avoit donné le nom de gymnase et d'académie, et dans les conférences philosophiques qu'il tenoit avec ses amis, il observoit les mêmes pratiques que dans l'ancienne Grèce. La forme même de

(1) Digna memoratu villa est ab Averno lacu Puteolos tendentibus imposita litori, celebrata porticu ac nemore, quam et vocabat Cicero Academiam, ab exemplo Athenarum.

PLIN. XXXI, cap. 3. — CIC. de Fin. V, cap. 1.

ses entretiens, qu'il rédigea sous le nom de *Tusculanes*, rappelle entièrement les dialogues de l'ancienne Ecole. Ces entretiens se passoient dans une prairie, près de la statue de Platon, et rouloient ordinairement sur quelques sujets de morale et de politique. « Dans la nécessité où je suis [1], disoit-il, de renoncer aux affaires publiques, je n'ai pas d'autre moyen de me rendre utile qu'en instruisant les hommes et en travaillant à la ré-

(1) Quod enim munus reipublicæ afferre majus, meliusve possumus, quam si docemus atque erudimus juventutem?................ Dabunt igitur mihi veniam, mei cives, vel gratiam potius habebunt, quod, cum esset in unius potestate respublica, neque ego me abdidi, neque deserui, neque afflixi, neque ita gessi, quasi homini aut temporibus iratus: neque ita porro aut adulatus, aut admiratus fortunam sum alterius, ut me meæ pœniteret. Id enim ipsum a Platone philosophiaque didiceram, naturales esse quasdam conversiones rerum publicarum, ut eæ tum a principibus tenerentur, tum a populis, aliquando a singulis. Quod cum accidisset, nostræ reipublicæ, etc. *Cicer. de Divinat.*, L. II. 4-7.

— Ego vero, cum forensibus operis, laboribus, periculis, non deseruisse mihi videar præsidium, in quo a populo romano locatus sim : debeo profecto, quantumcumque possim, in eo quoque elaborare, ut sint opera, studio, labore meo doctiores cives mei.... *Cicer. de Finib.* L. I. 10.

formation des mœurs. Je me flatte donc que non-seulement mes concitoyens me pardonneront, mais qu'ils auront peut-être quelques grâces à me rendre de ce qu'après avoir vu tomber le gouvernement au pouvoir d'un seul, je ne me suis ni dérobé absolument au public, ni livré sans réserve à ceux qui s'étoient saisis de l'autorité; et j'ai su garder un juste tempérament entre la soumission aveugle pour la fortune d'autrui et l'abattement excessif dans la mienne. J'ai appris de Platon et de la philosophie, que ces révolutions d'état sont naturelles, et que les gouvernemens passent quelquefois d'un petit nombre à plusieurs et de plusieurs à un seul. Tel a été le sort de notre république. Quand je me suis vu chassé de mon rang et dépouillé de ma dignité, je me suis livré à l'étude pour y trouver tout à la fois et le remède à mes peines, et le moyen de me rendre aussi utile à ma patrie que je pouvois l'être encore. Mes livres ont pris la place de mes séances au sénat et de mes discours au peuple, et j'ai substitué les méditations de la philosophie aux raisonnemens politiques et aux soins de l'État. »

Cicéron avoit à chacune de ses maisons de campagne une bibliothéque : l'étude et la jouissance tranquille d'un beau séjour le consoloient ainsi de la vie obscure à laquelle il se trouvoit réduit. « J'aimerois mieux [1], écrivoit-il à Atticus, être assis avec vous sur le » petit banc qui est au-dessous de votre » buste d'Aristote, que sur la chaire curule » de ceux qui nous gouvernent. » Mais cette existence nouvelle ne fut pas pour lui de longue durée, un chagrin plus cruel que les autres vint empoisonner les dernières années de sa vie; sa fille Tullie, qu'il aimoit avec passion, mourut tout d'un coup à la fleur de son âge.

Après cet événement, Cicéron se retira dans la terre d'Atticus, où il ne vouloit voir personne; ses livres étoient sa seule société, et il ne s'occupoit qu'à feuilleter ceux où il pouvoit trouver quelque secours contre la tristesse. Cette retraite ne lui paroissant pas encore assez solitaire, il se rendit dans une de ses maisons, qu'il nomme Astura, proche

-----

(1) Maloque in illa tua sedecula, quam habes sub imagine Aristotelis, sedere, quam in istorum sella curuli. *Cicer. ad Att. L. iv, Ep. 10.*

de celle d'Antium, et l'endroit du monde le plus propre à nourrir sa mélancolie. Là, écrivoit-il à Atticus, je vis sans commerce avec les hommes. Dès la pointe du jour je m'enfonce dans l'épaisseur des bois, et je n'en sors que le soir. Après vous, rien ne m'est si cher que ma solitude; je n'ai d'autre entretien qu'avec mes livres : s'il est interrompu, c'est par mes larmes, dont j'arrête le cours autant qu'il m'est possible; mais je n'en ai pas toujours la force. » Ce grand homme fut assassiné à sa terre de Formie, qu'il ne voulut pas abandonner, préférant, disoit-il, finir ses jours dans le sein de sa patrie que d'aller vivre sur une terre étrangère. C'est ainsi que dans nos temps de proscription on a vu des hommes confians et généreux ne pas pouvoir se résoudre à quitter les lieux qu'ils avoient embellis et les pauvres qui ne vivoient que de leurs bienfaits. Bientôt ils étoient arrachés de leurs campagnes chéries, et les réclamations des malheureux en leur faveur ne pouvoient les sauver : la reconnoissance étoit alors un crime autant que la vertu.

La campague, l'objet de tous les désirs, de tous les goûts, sous le règne d'Auguste, de-

vint bientôt le refuge de toutes les persécu-
tions sous les autres empereurs ; c'est là que
les Patriciens cachoient le danger de leurs
richesses et de leur nom, et que les malheureux échappés au désastre de leur famille venoient ensevelir leur misère.

Un *Corvinus* étoit réduit à garder les troupeaux dans les champs Laurentins [1], et le
vertueux Agricola, malgré sa prudence et sa
modération, malgré son éloignement de la
Cour et des affaires, ne put éviter de succom-
ber sous la haine dissimulée de Domitien.

La persécution et la solitude avoient im-
primé aux caractères de la plupart des Romains de ce temps une sorte d'humeur sombre
qui leur faisoit préférer pour leurs habitations
les lieux les plus sauvages et les plus retirés ;
elle les dirigeoit aussi dans la manière de les
embellir, tandis que le goût de la magnificence introduisoit d'un autre côté dans les
jardins de quelques gens riches un genre
symmétrique et régulier, opposé aux beautés
naturelles. La description que Pline nous a

____

(1) . . . . Laurenti custodit in agro
Conductas Corvinus oveis. . . . *Juven. Sat.* 1.

laissée de son Laurentum et de sa maison de Toscane, semble être celle d'une maison de campagne des environs de Paris, il y a soixante ans. On y voyoit des parterres de buis, taillés en toutes sortes de formes d'animaux, en lettres de l'alphabet; des allées droites, et des bassins garnis de marbres; mais ce genre étoit blâmé par les bons esprits et passoit pour un goût dépravé [1]. Cicéron en fait la critique dans plusieurs endroits de ses écrits [2], et Juvénal s'en moque dans une de ses satyres [3]. On s'est trompé, je pense, en prenant cette description de Pline pour modèle du style des jardins chez les Romains; de même

[1] *Ce qui prouve que le goût de Pline n'étoit pas toujours bien pur, c'est l'horreur qu'il avoit pour le cyprès, qu'il trouve obscur, triste et d'une mauvaise odeur : odoré violentâ (L. xvi, 33) : tandis que l'on étoit généralement d'accord sur sa beauté, et qu'Homère vante son parfum* εὐώδης κυπάρισσος. (*Od. v, 64.*)

[2] Equidem, qui nunc primum huc (*in insulam quæ est in Fibreno*) venerim, satiari non queo : magnificasque villas, et pavimenta marmorea, et laqueata tecta contemno. Ductus vero aquarum, quos isti Nilos et Euripos vocant, quis non cum hæc videat, irriserit? Cicer. *De Legib. L. ii.*

[3] *Juvénal, Sat. iii, v. 20.*

que l'on a eu tort d'adopter pour type de celui des Grecs, le verger d'Alcinoüs dans Homère, et le quinconce de Cyrus dans Xénophon; cette peinture de lieux symmétriques ne se rencontre qu'une seule fois dans les auteurs anciens, tandis que leurs ouvrages sont pleins de louanges des beautés irrégulières qui entouroient les habitations, et en faisoient le principal charme.

> . . . . *laudo ruris amœni*
> *Rivos, et musco circumlita saxa, nemusque* [1].

C'étoit partout des grottes couvertes de mousse et de violettes. Des antres sauvages ornés de guirlandes de vigne et de lierre, des ruisseaux coulant à travers les bosquets rafraîchis par le vent, des bois épais, des lacs d'eau vive, et surtout ces lieux de délices, nommés *Nymphées*, qui réunissoient la clarté et la fraîcheur des eaux à la grandeur des arbres. Il est pénible de devoir citer à l'appui de cette opinion l'exemple des jardins de Néron, décrits par Tacite. Quelque beaux que soient les ouvrages d'un tyran, il semble qu'ils portent l'empreinte de ses crimes;

____

(1) *Hor. Ep. 10, L. 1.*

mais après ce premier mouvement d'indignation, l'homme sensé et impartial examine les productions des siècles en elles-mêmes, et juge par elles de l'état où se trouvoient les Arts à telle ou telle époque. La description de Tacite est curieuse en ce qu'elle montre combien les jardins irréguliers adoptés par Cicéron, Varus et Mécène, avoient été perfectionnés depuis le siècle d'Auguste, et combien ils étoient cependant inférieurs encore à ce qu'ils furent sous les empereurs Hadrien, Dioclétien et leurs successeurs. Je tâcherai, dans le cours de cet ouvrage, de donner une idée des jardins des Anciens fondée sur d'autres autorités que celles qui ont été employées jusqu'à ce jour.

Pline vivoit dans ses maisons de campagne, à peu près comme les philosophes dont nous avons parlé, mais avec plus d'indépendance et de dignité. Au lieu d'être, comme Virgile, protégé par Auguste, ou comme Lucain et Sénèque, opprimé par Néron, il étoit l'ami de Trajan : sa correspondance, l'étude et la promenade partageoient tout son temps. Sa maison étoit bâtie avec une recherche extraordinaire ; elle contenoit des salles pour

les différentes saisons de l'année et les différentes parties du jour : la plupart étoient
rafraîchies par des courans d'eau vive qui
circuloient dans des canaux de marbre ; les
détails qu'il donne des agrémens qu'elles
renfermoient, rappellent les descriptions
des auteurs arabes et les édifices mauresques
encore existans. Outre le Laurentum et sa
maison de Toscane, Pline possédoit plusieurs
habitations sur le lac de Côme, près du
lieu de sa naissance. Un autre philosophe,
quatorze siècles après, rétablit une de ces
maisons, et y consacra comme lui à l'étude
une vie indépendante et douce. L'évêque
Paul Jove nous a laissé une description
charmante de ce lieu [1]. On peut juger par elle
que Pline savoit aussi choisir et apprécier
les beautés naturelles, et que le caprice d'une
mode bizarre n'avoit pas détruit en lui tout
sentiment du vrai beau. « Au bord de ce
lac transparent, dit Paul Jove, au milieu des
bosquets pleins de fraîcheur et de silence,
est située ma demeure, séjour heureux d'un
repos d'or, *aureæ quietis*, asyle paisible d'une

_____

(1) Musæi Joviani descriptio.

liberté

liberté que l'on désire plus souvent qu'on ne l'obtient. Là, mes regards se portent sur des rivages plantés de lauriers et de myrtes, sur des coteaux chargés de vignes, et dans le lointain j'aperçois les villes, les promontoires, et les sommets naissans des Alpes couverts de bois, de pâturages, et égayés par les troupeaux qui les parcourent. Lorsque la surface du lac n'est pas agitée, j'observe, dans le fond, des marbres ruinés, des colonnes brisées et des restes de pyramides, souvenirs des décorations du port. Ma maison est ornée des statues d'Apollon, des Muses, de Minerve et de Mercure. Elle est disposée de telle manière que l'on n'y éprouve ni les chaleurs de la canicule ni les froids rigoureux de l'hiver ; c'est là que je désire passer ma vie dans les délices du repos, et s'il plaît aux Muses qui habitent avec moi ce séjour, conserver mon heureuse médiocrité. » C'est ainsi que dans mes voyages j'ai vu un homme illustre habiter la demeure d'un ancien philosophe, et relever les murs abandonnés d'un couvent qui avoit été bâti dans le même lieu. De là il voyoit s'élever la fumée des villes, il contemploit de loin les vaisseaux battus par la tempête ; et tranquille dans le port, il ne désiroit point un destin plus brillant.

> *Quivi men vivo in solitario chiostro.*
> *. . . . .*
> *Questo e il porto del mondo e qui il ristoro*
> *Delle sue noje . . . .* [1]

Les habitans des environs croyoient retrouver en lui le philosophe, par ses talens, et le couvent, par ses bienfaits. Sa demeure étoit à la fois le temple des Arts, l'hospice des pauvres et la retraite d'un sage; si quelqu'un désire connoître cet homme distingué, je lui répondrai comme Pétrarque, adressant la parole à ses vers :

> *Sopra 'l monte Tarpeo, canzon, vedrai*
> *Un cavalier, ch' Italia tutta onora;*
> *Pensoso piu d' altrui, che di se stesso* [2].

Après le règne de Trajan, auquel la raison avoit présidé, parut celui d'Hadrien consacré aux charmes de l'imagination; les monumens que ce prince avoit observés dans ses voyages, les beaux sites qu'il s'étoit plu à parcourir, étoient restés gravés dans sa mé-

(1) *TASSO, Canto 15, St. 63.*
(2) *PETRARCA, canzone XI.*

moire ; et de retour dans la capitale du monde, il entreprit de les reproduire tous dans une immense étendue de terrein, et de réunir ainsi les merveilles des Arts à celles de l'univers. Cette grande conception s'exécuta : la ville Hadrienne en renferme encore de nos jours les pompeux débris. Là étoit le portique d'Athènes, le gymnase et les jardins de l'Académie ; on voyoit les temples de l'Egypte sur les coteaux de la Thessalie ; dans un vallon, couloit le Pénée, et plus loin paroissoit l'image des Champs - Elysées. Tels étoient les véritables jardins des Anciens, et non point ces parterres chargés d'ornemens puérils qui plaisoient à quelques individus : tels devroient être aussi les jardins des Princes de l'Europe, si le goût et la magnificence pouvoient parvenir chez eux au point où ils étoient chez les Romains.

Il semble que l'ambition de créer de grandes choses soit inhérente à la Puissance. Les empereurs romains, bons ou mauvais, se surpassèrent en ce genre, et l'un d'eux lui sacrifia le pouvoir suprême. Dioclétien quitta le diadême pour son jardin de Salone, comme jadis Abdolonyme avoit quitté son jardin pour monter sur le trône de Sidon. Les partisans de la retraite et de la campagne sont fiers de ces deux exemples. Ce fut dans son jardin que Dioclétien reçut les ambassadeurs de Maximien, qui lui proposoient de reprendre la couronne. Voyez ce beau lieu, leur répondit-il, le trône vaut-il la tranquillité dont je jouis? c'est à présent seulement que je vis et que je vois la beauté du soleil [1]. Je prends plus de plaisir à cultiver mes laitues que je n'en éprouvai jadis à gouverner la terre.

Mais déjà, sous ce prince, l'immense pouvoir des Romains commençoit à décliner, et leur caractère se dégradoit de plus en plus. L'honneur de les gouverner ne valoit pas le danger de les défendre ou l'ennui de les rendre heureux. La plupart de leurs empereurs alloient mourir à la tête des armées contre des peuples dont ils avoient jusque-là ignoré l'existence. Dans l'espace de deux siècles tout fut bouleversé, et le monde moderne sortit, comme l'ancien, du chaos. On vit s'élever sur les débris du grand Empire une multitude

____

(1) *Lact. Pers. C. xviii, p. 16, 17. Victor, Ep. p. 542.*

de puissances secondaires ; les peuples eurent
de nouvelles lois, de nouvelles mœurs, les
campagnes de nouveaux édifices, un nouvel
aspect. Parmi ces destinées de chaque pays
de l'Europe nous examinerons plus attenti-
vement l'état de la France, qui nous intéresse
davantage ; nous y retrouverons l'origine de
nos vieux châteaux, qui firent si long-temps,
par leur beauté, l'ornement des campagnes,
de même que leurs habitans par leur valeur
en faisoient la gloire. Pour bien juger de ce
tableau varié de la vie de la campagne en
France, il est nécessaire d'entrer dans quelques détails sur les institutions qui précédèrent
et auxquelles tous les événemens postérieurs
se rapportent.

La Gaule, pays barbare dans les beaux
temps de l'Empire romain, étoit devenue
florissante et heureuse au moment de sa dé-
cadence ; on y cultivoit les lettres, un siècle
avant la conquête, plus que dans aucune partie de l'Empire. Trèves, Bordeaux, Toulouse,
Autun, se distinguoient par leurs lumières ;
lorsque tout à coup l'invasion des Francs,
des Bourguignons, des Goths, etc. vint arrêter cette marche des idées et lui donner

une nouvelle direction. Ces peuples guerriers commencèrent par changer la forme du gouvernement. Organisés naturellement comme le sont des armées, ils introduisirent par toute l'Europe la monarchie, qui semble être une imitation de la discipline militaire, de même que les peuples agricoles avoient créé des républiques, sorte de gouvernement plus analogue à l'indépendance de la vie pastorale. Nos premiers rois, semblables aux princes germains dont parle Tacite, avoient autour de leurs personnes des chefs fidèles et braves qu'ils nommoient compagnons, *Comites* [1], auxquels ils donnèrent sous le nom de fiefs,

(1) *Les compagnons, Comites, d'où est venu le nom de comte, sont les mêmes que les dévoti de Sertorius et les soldurii de Jules-César, qui couroient le plus de danger dans les guerres et en retiroient le plus d'avantage. Ils devinrent les vassaux de leurs chefs dès que ceux-ci furent élus rois, et possedèrent des terres qu'ils purent leur donner sous le titre de fiefs. Telle est l'origine de la noblesse et de la monarchie; l'une et l'autre se perdent dans la nuit des temps. C'est un beau spectacle que les lois féodales, dit Montesquieu: un chêne antique s'élève, l'œil en voit de loin le feuillage; il approche, il en voit la tige, mais il n'en aperçoit pas la racine, il faut percer la terre pour la trouver. Esprit des Lois, L. xxx, ch. 1.*

et pour un temps limité, les terres conquises sur l'ennemi. La prééminence dut alors consister dans la réunion et l'étendue de deux sortes de propriété; la première, provenant de ces concessions de fiefs; la seconde, des fortunes particulières, c'est-à-dire, acquises par les alliances, le commerce et les successions. Les rois eux-mêmes ne furent les premiers dans l'échelle politique, que parce qu'ils réunissoient au plus haut degré ces deux avantages, et qu'ils étoient, pour ainsi dire, les plus grands propriétaires du pays.

Charlemagne entretenoit avec ses propres revenus toutes les dépenses de sa maison. Il avoit réuni à la couronne un grand nombre de maisons royales, dont le catalogue nous a été conservé; tandis que le prince qu'il avoit dépossédé étoit réduit à l'existence la plus obscure et au vain titre de roi. « Rien nulle n'avoit, dit la Chronique de S. Denys, fors une petite vilette de petite affaire et uns manoirs où il séjournoit toujours yver et été et aucunes rentes dont il paoit tenir aucuns sergans pour lui servir et pour lui administrer ce que il li falloit. Se il alloit en aucun lieu par aucune aventure il se faisoit traire en un

charrot a bues ou a bugles aussi comme uns
paisanz. Ainsi aloit au palai ou à la commune
assemblée du peuple qui une fois en l'an étoit
faite pour le commun profit du royaume,
après retornoit en sa meson et demeuroit là
toute l'année et li cuens du palai procuroit
toutes les besoignes du royaume et loing et
près [1]. » Les évêques écrivant à Louis, frère
de Charles le chauve, lui disoient : ayez soin
de vos terres afin que vous ne soyez pas obligé
de voyager sans cesse par les maisons des
ecclésiastiques et fatiguer leurs serfs par des
voitures ; faites en sorte, disoient-ils encore,
que vous ayez de quoi vivre et recevoir des
ambassadeurs.

Charlemagne sentoit si bien l'importance
de bien gouverner ses propriétés pour maintenir sa puissance, que plusieurs de ses
capitulaires traitent de cet objet ; il y entre
dans les plus grands détails sur l'administration de ses biens, on y trouve même des
ordonnances sur la vente des œufs, du lait
de ses métairies [2], etc. Les habitations de

(1) *Lib. i, cap. 2, Chronique de S. Denys. — Historiens des Gaules, tome i, pag. 227.*
(2) *Capit. de l'an 858, art. 14.*

la campagne étoient alors plutôt consacrées
à l'utilité qu'à l'agrément ; et ces temps primitifs de notre histoire ont une analogie
singulière avec ceux des Anciens. Charlemagne, au milieu de sa Cour et dans ses
châteaux, paroissoit le général d'une grande
armée, le père d'une grande famille : il rendoit la justice devant la porte de ses palais,
comme dans les premiers âges [1]. Le reste de
son temps étoit employé à l'administration
de ses immenses États, de ses domaines et
à l'éducation de ses enfans [2]. Ses jardins

[1] *Cela s'appeloit* plaids de la porte.

[2] « *Tous ses enfans, fils et filles (* dit la même
» Chronique) *fesoit li empereur introduire première-*
» *ment es liberaus sciences ainsi comme il meime y*
» *avoit été introduit et quand il fils estoient de tel*
» *aage que il pooient souffrir le chevauchier si leur*
» *faisoit apprendre l'us d'armes et de chaces de bois*
» *selon la coustume des François. Les filles faisoit*
» *introduire en toutes manières d'honnesteté et com-*
» *mandoit que on les feit a la fois filer ou a ouvrer*
» *de soie pour ce que elles ne s'abandonnassent pas*
» *trop a oidives.* » Ces mœurs simples et ce langage
naïf ont un charme dont on ne peut se défendre,
et on aimera peut-être à comparer au morceau qu'on
vient de lire, un passage semblable du règne de St.
Louis. L'un et l'autre ne sont point étrangers au
sujet de cet ouvrage, puisqu'ils ont rapport aux mœurs

étoient tels que l'Écriture nous représente ceux de Salomon, de grands vergers plantés de toutes sortes d'arbres et de plantes utiles [1]. A la mort de ce grand homme, sa puissance divisée s'anéantit. Ses successeurs ne furent plus assez forts pour résister chacun séparément aux grands vassaux de la couronne: n'ayant plus de charges et de terres à leur accorder, ils prolongèrent la durée de celles qu'ils possédoient, et se créèrent ainsi autant de rivaux indépendans qu'ils avoient eu de sujets fidèles. Les titres

des rois et des grands seigneurs dans leurs châteaux. « *Avant que le bon seigneur roy se couchast il avoit* » *souvent de coutume de faire venir ses enfants de-* » *vant luy et leur recordoit les beaux faits et dits des* » *roys et autres princes anciens et leur disoit que* » *bien les devoit savoir et retenir pour y prendre bon* » *exemple, et pareillement leur remontroit les faits* » *des hommes qui par luxures, rapines, avarices et* » *orgueil avoient perdu leurs terres et seigneuries et* » *que mauvaisement leur estoit advenu. Il leur faisoit* » *à semblable apprendre les eures de Notre-Dame* » *et leur faisoit à chascun jour dire devant eulx les* » *eures du jour selon le temps affin de les accoustu-* » *mer a ainsy le faire quand ils seroient à tenir leurs* » *terres.* » Joinville, tom. ii, pag. 147.

(1) Feci hortos et pomaria, et consevi illos omnis generis arborum, *Ecclesiast. Cap. ii, v. 5.*

de comtes, de ducs, de barons, qui n'étoient que des emplois amovibles, devinrent des droits héréditaires. Les terres, qui ne leur avoient été confiées dans l'origine que comme une espèce de suzeraineté ou de gouvernement, devinrent leur propriété; et enfin les châteaux, qui n'étoient que les places fortes ou citadelles pour la défense du pays, furent par la suite, le lieu de leur résidence et la capitale d'autant de petits États. Cet abus augmenta encore sous les premiers rois de la troisième race; et ce fut alors que se forma ce système singulier, unique dans l'histoire des hommes, connu sous le nom de gouvernement féodal. Bientôt l'obéissance ne fut plus qu'une faveur; la soumission, un foible hommage de respect, révocable à volonté; et la France présenta le tableau d'une anarchie nobiliaire, semblable à l'anarchie démocratique des républiques anciennes. Il fallut une force plus grande que celle d'un homme pour résister aux passions de tant d'hommes: ce moyen se trouva dans une institution nouvelle qui fit à la fois la sûreté des campagnes et la gloire des châteaux. Je veux parler de la chevalerie, à laquelle nous devons la splendeur de nos faits d'armes, la grâce de nos mœurs et le charme de notre littérature ; âge d'or des temps modernes, nobles jouets de l'enfance de la Société, et dont le souvenir console encore l'aridité des siècles plus civilisés.

Quelque attrait que nous semble avoir cette époque brillante de notre histoire, nous n'entreprendrons point de la décrire en détail, après les recherches savantes de M. de Sainte-Palaye [1], et les tableaux enchanteurs de M. de Châteaubriand [2] : les personnes que leurs ouvrages auront intéressées trouveront peut-être du plaisir à nous suivre dans les ruines de nos vieux châteaux, et à retrouver quelque trace de ces temps glorieux échappés à la dévastation du nôtre. Le souvenir de Gabrielle de Vergi les accompagnera dans les sombres tours du château de Coucy ; ils verront encore le chiffre de Diane de Poitiers sur la frise abattue d'Anet. Ils chercheront au milieu des ronces et des décombres des châteaux de Tancarville, d'Ecouen, de Chatillon, du Verger, de Thouars, de Neubourg,

(1) *Mémoires sur l'ancienne chevalerie.*
(2) *Génie du Christianisme*, *tom. 3.*

la devise de MM. de Montmorency, de Chatillon, de Rohan, de La Trimouille, d'Harcourt, etc., et croiront voir se relever les
statues armées de ces anciens preux, *qui ne
furent jamais traîtres*, dit Froissard, *mais
loyaux envers leur naturel seigneur* [1].

La France fut long-temps couverte d'immenses forêts habitées par une nation à
moitié sauvage, sans monumens, presque
même sans tradition de ses pères. Civilisée
par les Romains, et conquise par les Francs,
elle devint bientôt le partage d'un peuple
noble et heureux. Du sein de ces mêmes
forêts s'élevèrent des donjons d'un aspect
imposant, des monastères, qui renfermoient
les tombeaux des seigneurs, les *Ex-voto* des
pélerins, et autour desquels étoient suspendus les écus des chevaliers. Au lieu des cé-
rémonies cruelles des Druides, ces beaux
arbres ne voyoient plus sous leurs voûtes que
des chevaliers couverts d'armes brillantes,
d'écharpes brodées; que des dames assises
sur des palefrois; des écuyers conduisant en
main des destriers couverts de riches armoi-

<hr>

(1) *L. iii, cap. 6, pag. 22.*

ries; des troubadours chantant des sirventes d'amour. Au sortir des bois on arrivoit sur les bords de la Loire, du Cher, de l'Oise, pays classiques des temps chevaleresques. Là, toutes les collines étoient ornées de châteaux, dont les créneaux et les tours marquoient la noblesse et les hauts faits de leurs seigneurs. A la bannière qui flottoit au-dessus du donjon, on distinguoit quel étoit le rang du chevalier qui l'habitoit. Un heaume paroissoit au-dessus de la porte en signe d'hospitalité : *afin que tous gentilshommes et gentilles femmes trespassant les chemins entrassent hardiement en leur hôtel comme en leur propre, car leurs biens étoient davantage à tous nobles hommes et femmes trespassant le royaume* [1]. Les tournois embellissoient encore les campagnes : des tentes et des amphithéâtres couverts de tapisserie étoient alors dressés autour des châteaux. C'est à la gloire de ces jeux et à celle des combats, dont ils étoient l'image, que toute l'éducation des jeunes-gens étoit rapportée. Chaque âge déployoit en eux quelques qualités mar-

_____

(1) *Sainte-Palaye.*

quantes. On reconnoît dans les querelles de
Duguesclin avec les petits garçons de son
village, cette rudesse et cette audace aveugle
qui l'ont caractérisé depuis; dans l'adresse
et la force de Boucicaut, le commencement
de ses prouesses; enfin, dans les grâces et
la douceur de La Trimouille, le germe des
sentimens d'amitié et d'amour dont sa vie
offre un si touchant modèle [1].

Les châteaux, dispersés dans les campagnes, sembloient être les Cours d'autant
de petits Souverains, et les manoirs des
simples bacheliers, une imitation des châteaux : la galanterie et les grâces, au lieu
d'être renfermées dans la seule capitale d'un
grand empire, se trouvoient ainsi distribuées
sur toute sa surface. Ces habitations étoient
simples, mais nobles; leur architecture mas-
sive avoit quelque chose d'analogue aux
armes pesantes des chevaliers qui les habitoient et à l'habillement empesé des femmes.
Tout dans ces temps paroissoit être sorti de
la même idée ; et non point, comme de
nos jours, un mélange bizarre du grec et du
moderne dans les costumes et l'architecture.

____

(1) *Recueils des anciennes Chroniques.*

Ces châteaux, tels que nous en avons conservé plusieurs, étoient en général composés de quatre tours jointes par autant de courtines, et entourés de fossés profonds dont on relevoit tous les soirs le pont-levis ; ils étoient situés au milieu de vergers, d'arbres de haute-futaie, et près de sources abandonnées à leur cours naturel. L'ancien roman manuscrit de Claris contient la description d'une semblable demeure : il consistoit en plusieurs tours bâties au milieu d'une vaste enceinte, fermée d'une muraille de pierre, et arrosée par plusieurs fontaines. D'un côté se trouvoit un bois touffu, une prairie, et une rivière assez large ; de l'autre, des bergeries, un verger. Rien ne ressemble mieux à nos jardins irréguliers, que la description qui se trouve dans le *Lai de l'Oiselet*, un des fabliaux du recueil de Legrand d'Aussy [1]. C'étoit une forte tour avec son donjon, bâtie au centre d'un vaste terrein qu'enfermoit une rivière. « Du courant d'enceinte se détachoit un bras d'eau qui venoit isoler circulairement, dans l'enclos, un ver-

____

(1) *Tom. III, pag. 430.*

ger charmant. *Là se trouvoient des roses, des fleurs et des épices de toute espèce, et en telle abondance,* dit le conte, *que si on y eût apporté un mourant pour lui faire respirer le baume qu'elles exhaloient, elles l'eussent dans l'instant rappelé à la vie.* Au milieu du verger s'élevoit, en bouillonnant, une fontaine qui alloit perdre dans la rivière ses eaux claires et fraîches; elle étoit ombragée par un pin dont les rameaux épais et toujours verts, aux jours les plus brûlans de l'année, la défendoient du soleil. »

La vie que l'on menoit dans ces châteaux, étoit à la fois militaire, religieuse et oisive. De grand matin, le chevalier sortoit à cheval, suivi de ses écuyers, pour s'exercer à la course et à manier la lance; il visitoit ses domaines : plus souvent encore il chassoit à l'oiseau, amusement favori de ce temps. A son retour, il entendoit la messe, dînoit avec les dames, et étoit servi par son connétable et d'autres gens qui portoient les mêmes titres que dans les Cours des Souverains. Après le repas il descendoit au verger, jouoit aux échecs, ou visitoit les gentilshommes des environs. *L'hiver*[1]*, assis auprès d'un bon feu, dans sa salle bien tapissée de natte, ayant autour de lui ses écuyers, il s'entretenoit d'armes et d'amour ; car tout dans les châteaux, jusqu'aux derniers varlets, se méloit d'aimer.* Vers le soir on voyoit arriver des chevaliers demandant l'hospitalité, des pélerins venant de la Terre-Sainte, et racontant les cruautés de quelques mécréans ; ou bien des troubadours, qui cherchoient à plaire aux dames par leur esprit, comme les chevaliers par leurs exploits.

Ce mélange d'aventures glorieuses, de tournois, de fêtes, ou de plaisirs tranquilles, étoit souvent troublé par les cris de guerre et la publication des Croisades. Alors chacun mettoit son bien en gage[2], vendoit tout ce dont il pouvoit disposer, pour se rendre

(1) *Sainte-Palaye.*

(2) *Et pour faire mon cas je engaigé à mes amys grant quantité de ma terre tant qu'il ne m'en demoura point plus ault de douze cent livres de rente car madame ma mère vivoit encore qui tenoit la pluspart de mes choses en douaire.* Joinville, Mém. tom. 1, pag. 51.

dans les déserts de la Syrie : il recevoit à la porte de son château les adieux de sa famille, de ses vassaux, et soupiroit en chemin, en pensant au manoir natal qu'il ne reverroit peut-être plus. « Ainsi, dit Joinville [1], que j'allois de Blaircourt à S. Urban qu'il me falloit passer auprès du chastel de Joinville, je n'osé oncques tourner la face devers Joinville de peur d'avoir trop grand regret, et que le cœur me attendrit de ce que je laissois mes deux enfans et mon bel chastel de Joinville que j'avois fort au cœur. » Le départ de Bayard du vieux donjon de son père, en Dauphiné, a quelque chose encore de plus touchant, et qui peint bien la bonhomie du temps. « Au moment de partir, dit la Chronique, sa pauvre dame de mère estoit dans une tour du château, qui tendrement ploroit. Car combien quelle fût joyeuse que son fils estoit en voie de parvenir, amour de mère l'admonestoit de larmoyer. Toutefois après qu'on lui feut dire, madame, si vous voulez venir voir votre fils, il est tout à cheval prêt à partir, la

____

(1) *JOINVILLE, Mém. tom. 1, pag. 51.*

bonne gentille femme sortit par le derrière de la tour et feist venir son fils vers elle, et lui donna des conseils sur sa conduite à venir. Après quoi elle tira hors de sa manche une boursette en laquelle seulement avoit six écus en or et un en monnoye quelle donna à son fils. » Notre histoire est remplie de ces entreprises généreuses pour lesquelles nombre de gens abandonnoient leurs foyers, leur fortune et leur patrie. Plusieurs de ces mêmes châteaux auront peut-être vu les derniers descendans de leurs anciens seigneurs les quitter encore par de semblables principes d'honneur : peut-être aussi que plusieurs de ces antiques demeures auront été démolies pendant que leurs maîtres périssoient loin d'elles ; et les campagnes retraceront à peine aujourd'hui le souvenir des unes par quelques ruines, celui des autres par quelques larmes.

Nos rois vivoient dans leurs maisons de plaisance comme les gentilshommes dans leurs châteaux ; seulement ils s'entouroient de plus de magnificence. Charles VI régla, le premier, l'ordre et l'étiquette de sa Cour à la campagne. Dans un chapitre d'Olivier de la Marche, on voit comment ce prince *se contenoit en ses châteaux* et *l'ordre de son chevauchier.* Assez souvent (y est-il dit), au temps d'été il alloit s'ébattre dans les villes et châteaux hors de Paris; « là chassoit aucunes fois et s'ébattoit pour la santé de son corps, désireux d'avoir air doux et attrempé. Mais en toutes ses allées, venues et demeures, il ne laissoit ses quotidiennes besognes à expédier, ainsi comme à Paris. »

De retour de la chasse ou de la promenade, il dînoit avec la reine, les princesses et leurs dames, « et *durant le repas, par ancienne coutume de roys bien ordonnée, pour obvier à vagues et vaines paroles et pensées, avoit un preudhomme en estat au bout de la table, qui sans cesse disoit gestes de mœurs d'aucun bon trespassé* [1]. » Charles VII, qui succéda à ce prince, s'occupoit à dessiner le parterre de Meung sur Yevre, lorsqu'on lui donna la nouvelle que les Anglais étoient maîtres du royaume. Ce fut d'*Agnès Sorel* qu'il apprit ainsi ses malheurs et les moyens d'y remédier. L'amour, qui dans des

____

(1) *Tome v, Mémoires des xiv*[e]*. et xv*[e]*. siècles.*

temps plus chevaleresques avoit fait la gloire
de la France, fit encore son salut. Le bon
roi revint bientôt finir son jardin, et pour
témoigner à Agnès sa reconnoissance, il lui
fit présent du château et du parc de Beauté,
*afin qu'elle fut de fait et de nom dame de
Beauté* [1]. *Ce prince* (dit encore la Chronique) *se démontra sage artiste, vrai archi-
tecteur et prudent ordeneur lorsque les belles
fondations fit faire en maintes places no-
tables.* Louis XI, qui vint après lui, ajouta
à ses châteaux un genre d'embellissement
qu'il croyoit leur manquer, et qui étoit analogue à la vie qu'il menoit. *Tout à l'environ
de la place du Plessis le Parc (qui étoit le
lieu où il se tenoit)*, dit Philippe de Commines [2], *il fit faire un treillis de barreaux
de fer, ayant plusieurs pointes et aussi
quatre moyneaux tous de fer bien espais en
lieu par où l'on pouvoit bien tirer à son
aise, et estoit chose bien triomphante et
coustat plus de vingt mille francs, et à la
fin y mit quarante albalestriers qui jour et*

(1) *Tome* ii, 5ᵉ. *Mémoire, pag.* 325.

(2) *Philippe de Commines, tome* xii *des Mémoires.*

nuit étoient en ces fossés avec commission de tirer à tout homme qui en approcheroit de nuit jusqu'à ce que la porte fust ouverte le matin.

On sent aisément qu'avec de pareilles dispositions Louis XI dut chercher plutôt à diminuer le pouvoir des grands vassaux de la couronne qu'à se servir de leur appui. En effet, ce prince commença le plan trop bien suivi par ses successeurs, et qui a fini par enlever à la monarchie ses défenseurs les plus naturels, sous prétexte de lui ôter ses entraves. Peu à peu les beaux temps de la chevalerie s'évanouirent, la galanterie se changea en politesse, l'amour en intrigue; les seigneurs devinrent des courtisans, les troubadours des gens de lettres; les châteaux, de simples propriétés territoriales, dont on faisoit toucher les revenus par des inten-dans; enfin les grands fiefs furent réunis à la couronne : et si le trop grand pouvoir des seigneurs avoit causé la ruine des deux pre-mières races de nos rois, leur trop grand abaissement causa la perte de la troisième. Au principe de politique adopté pour dimi-nuer l'aristocratie féodale, se joignirent plu-

sieurs circonstances particulières qui contribuèrent également à l'anéantir. La Cour de
France, jusques-là simple et austère, devint
élégante et fastueuse après le mariage de
Louis XII avec Anne de Bretagne. Cette
princesse prit auprès d'elle des dames de
qualité, et attira dans la capitale les gentilshommes les plus marquans du royaume.
François Ier. y fit régner bientôt tant de galanterie, de grâces et d'agrémens, qu'il n'étoit
plus possible de quitter un séjour aussi brillant. La Cour entraîna ainsi les gentilshommes hors de leurs provinces; et en même
temps le goût des arts, qui venoit de s'introduire en France, changea l'aspect de leurs châteaux. Une architecture nouvelle, sans détruire
totalement l'ensemble sévère et massif de ces
édifices, y joignit une ordonnance plus ré-
gulière. De même que François Ier. et les
seigneurs de sa Cour tenoient encore aux
mœurs de l'ancienne chevalerie, malgré les
progrès de la civilisation, de même leurs
habitations étoient un mélange du goût de
leurs pères et des arts modernes arrivés
d'Italie : aux anciennes tours gothiques on
joignit des façades grecques, plus de richesse

dans les détails et d'élégance dans les ornemens ; on peut en juger par les restes des
châteaux d'Anet, de Chambord et d'Ecouen.
La sculpture, encore plus perfectionnée que
l'architecture, étoit comme elle une imitation de l'Antique, embellie par une élégance
nouvelle inconnue jusqu'alors : les ouvrages
admirables de Jean Goujon, de Cousin, de
Germain-Pilon, de Pierre Bontems, nous ont
transmis l'image des belles femmes de ce
siècle, dont les formes allongées, les tailles
sveltes me semblent avoir quelque chose de
plus agréable, de plus animé, de plus vo-
luptueux que tout ce qu'on connoît des
temps les plus éclairés. Il y avoit alors une
grâce naturelle répandue dans les arts, comme
dans la littérature, comme dans les institutions. S'il est un moment où la France a pu
espérer de s'élever au niveau des belles productions de l'Italie, c'est dans ce siècle et
sous le prince aimable qui honorant à la
fois les talens et les vertus voulut être armé
chevalier par Bayard et recevoir les derniers
soupirs de Léonard de Vinci.

Des guerres civiles, des querelles de religion vinrent bientôt après ensanglanter le

sol de la France, et firent déserter les campagnes. Les règnes de Henri II, François II,
Charles IX et Henri III, furent troublés par
des factions qui affoiblirent encore le pouvoir
des nobles. Bientôt le despotisme du cardinal de Richelieu accabla ceux qui avoient
échappé à l'anarchie des règnes précédens ;
et le duc d'Espernon, petit-fils d'un notaire,
fut le seul grand seigneur qui conservât encore l'ancienne existence dans sa province.
On ne fut plus rien en France qu'à la Cour,
et par les faveurs de la Cour. *La monarchie
se perd*, dit Montesquieu, *lorsque le prince
rapportant tout uniquement à lui, appelle
l'État à la capitale, la capitale à la Cour,
et la Cour à sa personne* [1]. On n'habitoit plus
ses terres que lorsqu'on y étoit obligé ; et
c'est parmi les victimes de l'exil et du malheur qu'il faut chercher l'histoire de la campagne. Déjà sous le règne de François Ier.,
on vit Anne de Montmorency, relégué à
Chantilly après avoir sauvé deux fois la
France, donner un exemple de constance à
ceux qui devoient tomber après lui dans une

(1) *Esprit des Lois, L. VII, Ch. 6.*

semblable disgrâce [1]. Ferme dans sa retraite, comme à la Cour, y tenant toujours le même langage [2], ce noble guerrier s'occupoit des travaux de la campagne et de la culture des fleurs, et ne voulut jamais qu'aucun de ses amis proférât une parole qui pût amener son retour.

Les premiers exemples qui se présentent après celui-ci, sont ceux de deux personnages célèbres par leurs vertus et leurs talens, quoique différens de caractère et de principes. Le chancelier de l'Hôpital, et Sully, finirent tous deux leurs jours dans la vie retirée de la campagne, en y apportant les mœurs de toute leur vie. L'Hôpital, né au milieu de troubles anarchiques, élevé dans les principes austères de la philosophie ancienne, ressembloit de figure et de système à Aristote; « sa grande barbe blanche, son visage pâle, sa façon grave et majestueuse

____

(1) *Histoire de la Maison de Montmorency, tome II, p. 178.*

(2) Non est istud exilium, cujus neminem non magis, quam damnatum, pudet.

Sen. de Ben. L. vi, cap. 37.

lui donnoient du tout (dit Brantôme) l'apparence de Caton. » Il ressembloit encore plus à ce grand homme par ses mœurs pures et son extrême simplicité. Obligé de lutter toute sa vie contre les factions des mécontens et les intrigues de la Cour, il avoit appris à peu estimer les hommes, de quelque rang qu'ils fussent, et à les servir sans les aimer.

Sully, au contraire, plein d'amour pour son maître, plein d'estime pour ses belles qualités, ne voyoit rien que par lui et pour lui ; il lui sacrifioit son temps, sa fortune et sa vie ; et l'on ne croyoit pas que l'État pût avoir un meilleur ministre, l'armée un meilleur soldat, le roi un meilleur ami. L'Hôpital, sans être factieux, étoit républicain, par haine pour la tyrannie. Sully, sans être courtisan, aimoit la monarchie, à cause du monarque. Tous les deux menèrent à la campagne une vie analogue à leur caractère et à leurs principes. L'Hôpital habitoit la petite terre de Vignay, près d'Étampes, qu'il administroit lui-même, et où il vivoit avec sa femme, sa fille, neufs petits-enfans, et plusieurs vieux domestiques. « Je vis ici, disoit-il, comme le vieux Laërte, cultivant mon champ, et ne regrettant rien de ce que j'ai laissé. Je vous dirai plus, cette retraite qui satisfait mon cœur, flatte également ma vanité. J'aime à me représenter à la suite de ces fameux exilés d'Athènes et de Rome, que leur vertu avoit rendu redoutables à leurs concitoyens : non cependant que j'ose me comparer à eux, mais je me dis : nos intentions étoient semblables, et nos fortunes sont pareilles. Je vis au milieu d'une famille nombreuse que j'aime; je lis, j'écris, je médite, je prends plaisir aux jeux de mes petits-enfans; les occupations les plus simples m'intéressent. Enfin, tous mes momens sont remplis, et rien ne manqueroit à mon bonheur, sans ce voisinage affreux qui vient quelquefois porter le trouble et la désolation dans mon cœur. » Une de ses lettres est adressée à sa fille, mariée à Hurault de Bellesbat, maître des requêtes; et suivant l'usage de ces temps, où l'on ne donnoit le titre de madame qu'aux princesses et aux femmes du premier rang, il ne l'y nomme que mademoiselle ; en voici quelques traits. « Ma fille, j'espère que votre enfant se porte bien, et que l'âge et le régime

lui serviront plus que les ordonnances de mé-
decins. . . . Le reste des vôtres se porte bien,
Dieu merci. Pressez les argents de ce terme
de la Saint-Jean ; et si, en attendant, avez
besoin du sac qui est en votre coffre de
Vignay, envoyez la clef à votre mère, quand
elle sera de retour, ce qui sera bientôt pour
faire son Aoust. Sollicitez aussi le fermier
et receveur de Vaas, mais doucement et avec
discrétion. De vin blanc m'enverrez vingt-
cinq ou trente bouteilles pour ma bouche ;
ce qui demeurera, vous le boirez, car il est
bon. Si le muletier n'a sa charge, faites la
parfaire avec les livres que j'ai mis à part.
Je me recommande à la bonne grâce de
M. de Bellesbat et à la vôtre, priant Dieu
de vous donner longue vie. *Votre bon père
Michel de l'Hôpital.* »

« On remarquera dans M. de Sully la
même bonté, mais plus d'étiquette et de
faste dans sa manière de vivre, ainsi qu'il
convenoit à un plus grand seigneur, dans un
temps où il étoit nécessaire d'en imposer
ainsi. La vie qu'il menoit dans ses terres,
étoit accompagnée de décence, de grandeur
et de majesté, et telle qu'on pouvoit l'at-

tendre d'un caractère aussi grave et aussi sérieux que le sien. Outre un grand nombre d'écuyers, de gentilshommes et de pages qui le servoient, de dames et de filles d'honneur attachées à la duchesse, il avoit une compagnie de gardes avec leurs officiers, une de Suisses, et une si grande quantité de domestiques, qu'il y avoit peu d'exemples de particuliers qui aient entretenu une maison si grande et si nombreuse [1]. »

« M. de Sully conserva l'habitude de se lever de grand matin; après ses prières et sa lecture, il se mettoit au travail avec ses quatre secrétaires : ce travail consistoit à mettre ses papiers en ordre, à rédiger ses mémoires, à répondre aux différentes lettres qu'il recevoit, à prendre connoissance de ses affaires domestiques; enfin à conduire celles, soit de ses gouvernemens, soit de ses charges; car il demeura jusqu'à sa mort Gouverneur du haut et du bas Poitou et de la Rochelle; Grand-maître de l'artillerie; Grand-voyer de France, et Sur-intendant des fortifications du royaume. Il y employoit la mati-

____

(1) *Mém. de Sully, tom. VII.*

née entière , excepté que quelquefois il sortoit pour prendre l'air une demi-heure ou une heure avant le dîner. Alors, on sonnoit une grosse cloche qui étoit sur le pont, pour avertir de sa sortie ; la plus grande partie de sa maison se rendoit à son appartement, et se mettoit en haie, depuis le bas de l'escalier. Ses écuyers , gentils-hommes et officiers marchoient devant lui , précédés de deux Suisses avec leur halle-barde. Il avoit à ses côtés quelques-uns de sa famille ou de ses amis avec lesquels il s'en-tretenoit : suivoient ses officiers aux gardes et sa garde suisse : la marche étoit toujours fermée par quatre Suisses. »

« Rentré dans la salle à manger , qui étoit un vaste appartement où il avoit fait peindre les plus mémorables actions de sa vie, join-tes à celles de Henri-le-Grand, il se mettoit à table. Cette table étoit comme une longue. table de réfectoire, au bout de laquelle il n'y avoit de fauteuils que pour lui et la du-chesse de Sully ; tous ses enfans, mariés ou non mariés, quelque rang et naissance qu'ils eussent, et jusqu'à la princesse de Rohan sa fille , n'avoient que des tabourets ou des

sièges

siéges plians ; car dans ce temps la subor-
dination des enfans aux pères étoit encore
si grande, qu'ils ne s'asseyoient jamais en
leur présence, qu'après en avoir reçu l'ordre. Sa table étoit servie avec goût et magnificence ; il n'y admettoit que les dames et
seigneurs de son voisinage, quelques-uns de
ses principaux gentilshommes, et les dames
et filles d'honneur de la duchesse de Sully.
Excepté la compagnie extraordinaire, tout le
monde se levoit et sortoit aux fruits. Le
repas fini, on se rendoit dans un cabinet
joignant la salle à manger, qu'on nommoit
le cabinet des Illustres, parce qu'il étoit
orné de portraits de papes, rois, princes
et autres personnages distingués, qu'il tenoit
d'eux-mêmes. On en voit encore aujourd'hui
la plus grande partie à Villebon. »

« Dans une autre salle à manger, belle et
richement meublée, le capitaine des gardes
tenoit une seconde table servie à peu près
comme la première, où toute la jeunesse
alloit manger, et où ne mangeoient effecti-
vement que ceux que la seule disproportion
d'âge empêchoit le duc de Sully de recevoir
à la sienne. Il disoit ordinairement à ces

jeunes gens : Vous êtes trop jeunes pour que nous mangions ensemble, et nous nous ennuyerions les uns les autres. »

« Lorsqu'il avoit passé quelque temps avec la compagnie, il remontoit chez lui, pour s'occuper encore quelques heures du même travail que le matin. Si la saison et le beau temps le permettoient, il prenoit, l'après-dîné, le plaisir de la promenade; la sortie se faisoit avec le même cortége que le matin. Il entroit dans ses jardins, où après avoir fait quelques tours, il passoit ordinairement par une petite allée couverte qui séparoit les parterres du potager, et se rendoit, par un escalier de pierre, dans une grande allée de tilleuls en terrasse, de l'autre côté du jardin. Le goût d'alors étoit d'avoir grand nombre d'allées extrêmement couvertes, avec quatre ou cinq rangs d'arbres, ou de palissades. Là il s'asseyoit sur un petit banc ou fauteuil de bois verni, à deux places, et appuyant ses deux coudes sur une grande fenêtre grillée, il s'amusoit à considérer, d'un côté une campagne agréable, de l'autre côté une seconde allée en terrasse, très-belle, qui fait le tour d'une grande pièce d'eau appelée l'Etang-Neuf, et est terminée par un bois de haute futaie nommé le Grand-Parc. Quelquefois aussi c'étoit dans son parc qu'il prenoit le divertissement de la promenade, et assez souvent dans son charriot ou coche avec la duchesse son épouse. L'intervalle de la promenade au souper étoit encore rempli par les occupations du matin. Le souper se passoit comme le dîner, jusqu'au moment où chacun se retiroit chez soi. »

M. de Sully s'occupoit, dans ses loisirs, à faire bâtir des édifices, dont le but étoit presque toujours la charité et le bien public ; c'est ainsi qu'il fit construire l'Hôtel-Dieu à sa terre de Nogent. Ce bâtiment destiné aux pauvres, faisoit vivre, en attendant, la foule de pauvres employés pendant la disette à sa construction. D'autres ouvrages semblables empêchoient la misère de paroître aux environs de ses domaines. Il faisoit construire les aîles du château d'Angillon, lorsqu'il eut le malheur de perdre le roi son bienfaiteur, et il les laissa alors imparfaites pour signaler ce triste événement. Partout, dans ses châteaux, on voyoit le portrait de Henri IV ; et il sembloit qu'il voulût rappeler ce monarque dans toutes ses actions, comme il étoit dans toutes ses pensées.

Le duc de Sully ne pouvant, à cause de sa religion, avoir aucun ordre, il s'en étoit fait un pour lui-même. Il portoit à son cou, surtout depuis la mort de Henri IV, une chaîne d'or ou de diamant, où pendoit une grande médaille d'or sur laquelle étoit empreinte, en relief, la figure de ce grand prince; de temps en temps il la prenoit, s'arrêtoit à la contempler, la baisoit, et ne la quittoit pas, même quand il venoit à la Cour.

Aux mœurs simples de L'Hôpital et à la vie active de M. de Sully, nous oserons comparer l'existence philosophique et oisive de Montaigne, leur contemporain, comme nous avons décrit plus haut la vie d'Horace après celles de Cincinnatus et de Scipion. Je ne dis pas que le moraliste français ressemblât par ses principes au poëte romain; mais il le surpassoit encore dans son amour de l'indépendance et du repos [1]. « Ma mai-

______

(1) *Horace, dans la Satyre 6ᵉ. du premier livre, fait une peinture de la vie qu'il mène; elle a beaucoup de rapport avec celle de Montaigne.*

son, écrit Montaigne [1], est juchée sur un tertre comme dit son nom...... De ma librairie, où je me tiens le plus souvent, je commande mon mesnage. Je suis sur l'entrée et voy soubs moy, mon jardin, ma basse-cour, ma cour, et dans la pluspart des membres de ma maison. Là je feuillette à cette heure un livre, à cette heure un aultre, sans ordre et sans dessein, à pièces descousues : tantôt je resve, tantôt j'enregistre et dicte, en me promenant, mes songes que voicy. Elle est au troisième estage d'une tour ; le premier, c'est ma chapelle ; le second, une chambre et sa suite, où je me couche souvent pour estre seul..... Je passe là et la pluspart des jours de ma vie, et la pluspart des heures du jour..... A sa suite est un cabinet assez joly, capable à recevoir du feu pour l'hyver, très-plaisamment percé, et si je ne craignoy non plus le soing que la despense, le soing qui me chasse de toute besongne, j'y pourroy facilement coudre à chasque costé une gallerie de cent pas de long et douze de large, à plain pied : ayant

____

(1) *Montaigne, L. 3, Ch. 3.*

trouvé tous les murs montez, pour aultre usage, à la hauteur qu'il me faut. Tout lieu retiré requiert un promenoir. Mes pensées dorment si je les assieds: mon esprit ne va pas seul, comme si les jambes l'agitent. Ceux qui estudient sans livre en sont tous là. La figure en est ronde et n'a de plat que ce qu'il faut à ma table et à mon siége, et vient m'offrant en se courbant, d'une veue, tous mes livres, rangez sur des pulpitres à cinq degrez tout à l'environ. Elle a trois veues de riche et libre prospect, et seize pas de vuide en diamètre ... C'est là mon siége. J'essaye à m'en rendre la domination pure et à soustraire ce seul coing à la communauté, et conjugale et filiale et civile. » On aime à se représenter ainsi le bon homme, vêtu de son petit manteau noir doublé d'hermine, et assis dans un grand fauteuil de cuir entre sa table et son foyer, ou bien se promenant en rêvant, comme Horace, à quelques-unes de ces idées originales qu'il écrivoit sur-le-champ :

Nescio quid meditans nugarum, totus in illis [1].

(1) *Horace, Sat. 9, L. 1.*

Du reste il ne paroît pas que Montaigne aimât beaucoup la campagne ni les occupations qu'elle inspire [1]. Les guerres civiles en avoient rendu le séjour peu agréable [2]; mais l'étude, le bon air, quelques voyages qu'il appelle *pérégrinations*, et une vie douce et sans soins, remplaçoient pour lui les autres amusemens des champs.

En retraçant ainsi les mœurs simples de L'Hôpital, la philosophie de Montaigne et les vertus de Sully, qu'on ne croie pas que

(1) « *Je suis né et nourri aux champs* (disoit-il), *et parmi le labourage, mais je n'entends pas seulement les noms des premiers outils du ménage, ni les plus grossiers principes de l'agriculture.* — *Mon père aimoit à bâtir Montaigne où il étoit né, et je me glorifie que sa volonté s'exerce encore et agisse par moi; c'est pourquoi je me suis mêlé d'achever quelques vieux pans de murs et de ranger quelque pièce de bâtiment mal dolé, et ce certes regardant plus à son intention qu'à mon contentement; car quant à mon application particulière, ni ce plaisir de bâtir qu'on dit être si attrayant, ni la chasse, ni les jardins, ni ces autres plaisirs de la vie retirée ne me peuvent beaucoup amuser.* » L. III, Ch. 9.

(2) *En mon voisinage,* dit-il, *nous sommes tantost, par la longue licence de ces guerres civiles, envieillis en une forme d'estat si desbordée qu'à la vérite c'est merveille qu'elle se puisse maintenir.* L. III, p. 271.

nous ayons oublié celui qui réunissoit toutes leurs qualités, le bon roi qui fit alors le bonheur et la gloire de la France; mais Henri IV est né dans un château, il a passé sa jeunesse dans les bois, dans les montagnes du Béarn; son château existe encore : partout, dans les environs, l'amour et la reconnoissance ont consacré son souvenir, et nous lui réservons une place trop marquée dans cet ouvrage, pour oser en parler ici légèrement.

Il est un règne moins cher que le sien au cœur des Français, mais que nous devons examiner avec plus d'attention, parce qu'il a eu plus d'influence sur nos mœurs; ce règne est celui de Louis XIV, qui fut le beau siècle de la France, comme celui de Henri IV en avoit été le bon temps. Le nombre d'hommes illustres, dans tous les genres, que l'on vit paroître à la fois, et les qualités brillantes du monarque donnèrent à toutes les productions de cette époque un caractère de grandeur inconnu jusqu'alors; celles mêmes qui ne parvinrent pas à autant de perfection que les autres, tels que les ouvrages des Arts, rachetèrent le manque de goût ou de pureté par quelque chose de hardi

et de noble qui éblouit assez pour se passer
de plaire. La campagne devint le théâtre des
grandes entreprises du roi, et une circonstance particulière détermina le penchant
qu'il avoit à s'y fixer : ce fut la fête que
lui donna le surintendant Fouquet, à sa
terre de Vaux. Rien n'égaloit la beauté du
palais et des jardins, qui avoient coûté dix-
huit millions, équivalant à trente-cinq de
notre monnoie. Fouquet avoit bâti deux fois
la maison, et acheté trois hameaux dont le
terrein fut enfermé dans son jardin immense,
planté en partie par Le Nôtre, et regardé
alors comme le plus beau de l'Europe. Louis
XIV le sentit, et en fut irrité; cet exemple
fut à la fois la cause de la disgrâce du favori
et l'origine des travaux que le roi ne cessa
de faire exécuter: il eut besoin, sur-le-champ,
de surpasser un grand modèle; mais d'autres
causes se joignirent à ce motif de vanité.
« Plusieurs circonstances, dit Saint Simon [1],
contribuèrent à tirer pour toujours de Paris
la Cour, et à la fixer à la campagne. Les
troubles de la minorité, dont cette ville avoit

_____

(1) St.-Simon, tom. 1, p. 135, 183. — Anquetil,
tom. 4, la Cour et le Régent.

été le principal théâtre, inspirèrent au roi une véritable aversion pour elle. On se persuada que la résidence de la Cour ailleurs rendroit, à Paris, les cabales plus difficiles, parce qu'il seroit plus aisé de remarquer les absences des seigneurs qui voudroient intriguer ensemble, et plus facile d'y mettre ordre promptement. D'ailleurs, Louis ne pouvoit pardonner à sa capitale sa sortie fugitive, la veille des rois, 1649, ni de l'avoir lui-même rendue témoin de ses larmes, à la première retraite de La Vallière. Ainsi, le danger de donner de grands scandales, au milieu d'une ville si remplie de personnes qui prennent volontiers la liberté de juger et de condamner, ne contribua pas peu à l'en éloigner. »

« Il s'y trouvoit importuné de la foule du peuple, à chaque fois qu'il sortoit, qu'il rentroit ou qu'il paroissoit dans les rues. Il ne l'étoit pas moins d'une autre sorte de foule de gens de robe et de bourgeois, qui, dans Paris, se croyoient obligés de faire journellement leur Cour, et qui, plus loin, se croiroient sans doute dispensés de cette assiduité. »

» Enfin, le goût de la promenade, toujours

très-resserré dans une ville, celui de la chasse, qu'il falloit aller chercher trop loin, celui des bâtimens, qui vint ensuite, et celui du mystère dans ses amours; ces deux derniers, difficiles à satisfaire dans sa capitale où il étoit toujours en spectacle, lui firent établir son séjour à Saint-Germain-en-Laye, peu de temps après la mort de la reine-mère. Saint-Germain, lieu unique pour rassembler les merveilles de la vue, unique encore par l'avantage et la facilité des eaux sur cette élévation, par les agrémens des jardins en terrasse, qui se dominent et s'embellissent mutuellement, par le plain-pied d'une forêt toute joignante, par les charmes et les commodités de la Seine, qui serpente dans la plaine et apporte au pied de la montagne tout ce qui est nécessaire : enfin une ville toute faite. Louis XIV se plut beaucoup dans ce séjour, y donna des fêtes, y attira du monde, et fit sentir qu'il aimoit à le voir fréquenté des courtisans ; jusqu'à ce que l'amour de La Vallière, qu'il crut long-temps un grand secret, donna lieu à de fréquentes promenades à Versailles. »

« C'étoit un petit château de cartes que

Louis XIII avoit bâti, pour ne pas coucher dans un mauvais cabaret à rouliers ou dans un moulin à vent, comme cela lui étoit arrivé quelquefois quand il alloit à la chasse dans la forêt de Saint-Léger, ou plus loin; il n'y avoit alors ni route tracée, ni facilité des relais. Les chasses étoient plus longues et plus pénibles; de sorte que Louis XIII, lorsqu'il étoit excédé de fatigues et surpris par la nuit, y couchoit, mais très-rarement et seulement par nécessité : il ne songea donc à y faire faire ni dépenses, ni embellissement. Louis XIV, qui y étoit attiré par un autre motif, s'y mit plus au large. Insensiblement les bâtimens s'accrûrent et se multiplièrent; un fini faisoit songer à un autre pour la commodité ou la symmétrie. Il en fut de même des jardins. Les courtisans voyant que le roi s'y plaisoit, désirèrent d'y être appelés. Il n'y avoit pas de logemens, comme à Saint-Germain, qui étoit une ville; il fallut donc en construire ; ils furent demandés avec instance, et accordés comme la marque d'une très-grande faveur. »

« Quand le roi vit qu'à force d'augmentations et d'additions ce château pouvoit à peu près contenir sa Cour, il l'y transporta, en 1680; mais il ne s'y fixa tout-à-fait qu'après la mort de la reine, en 1683. Lorsqu'on y fut une fois établi, chaque jour offrit de nouveaux objets de travaux; des bâtimens séparés à réunir par d'autres, des collines à aplanir, des fondrières à combler, un terrein sablonneux, mouvant et fangeux à affermir, des canaux à creuser et des eaux à chercher pour les remplir. On eut dessein d'y faire venir dé huit lieues la rivière d'Eure; il y eut des aquéducs commencés, ouvrages superbes, dignes des anciens Romains, qui sont restés inutiles, et servent seulement à montrer les inconvéniens d'un mauvais choix [1]. »

« Les commencemens de Marly n'ont pas eu un motif plus extraordinaire. Le roi, fatigué de la foule, et lassé de ne voir à Versailles que des Grands, se persuada qu'il vouloit du petit et de la solitude. Il chercha autour de lui de quoi satisfaire ce nouveau goût, parcourut les côteaux qui découvrent d'un côté

____

(1) *Il y avoit tous les jours vingt-deux mille hommes et six mille chevaux qui travailloient à Versailles.* (DANGEAU, 27 août 1684). *Il mit plus de trente-six mille travailleurs, le 31 mai 1635.*

Saint-Germain, de l'autre Paris, et cette vaste plaine parsemée d'une multitude de gros villages et de châteaux que la Seine arrose. On le pressa de s'attacher à Luciennes; mais il répondit que cette heureuse situation le jetteroit dans de trop fortes dépenses; et comme il vouloit un rien, il vouloit aussi un local qui ne lui permît pas de songer à rien faire. »

« Il trouva derrière Luciennes un vallon étroit, profond, à bords escarpés, inaccessible par ses marécages, sans aucune vue, enfermé de collines de tous les côtés, et sur le penchant de l'une·d'elles un village peu agréable. Les profondeurs de la vallée, sans vue et sans moyens d'en avoir, ses bornes resserrées qui ne permettoient pas de s'étendre, firent tout son mérite. Ce fut un grand travail de dessécher ce cloaque, repaire de crapaux et de couleuvres, où tous les environs jetoient leurs voiries; à la fin cependant l'hermitage s'acheva. Ce n'étoit que pour y coucher trois nuits, du mercredi au samedi, trois ou quatre fois l'année seulement, avec les personnes nécessaires au service. Mais peu à peu le château fut augmenté; on tailla les collines pour faire de la place à des bâ-

timens symmétriques; et on emporta large-
ment celle du bout, afin de donner au moins
une échappée de vue fort imparfaite. »

« J'ai vu, continue Saint Simon, apporter
de Compiègne et des autres forêts de grands
arbres avec leurs branches et leurs feuilles;
plus des trois quarts mouroient, et ils étoient
sur-le-champ remplacés par d'autres. J'ai vu
des allées entières disparoître d'un coup de
sifflet, de vastes espaces de bois épais changés
en pièces d'eau, où je me suis promené en
gondole, et ensuite remises en forêts à n'y pas
voir le jour, dès le moment qu'on les plantoit.
J'ai vu des bassins changés en cascades, des
eaux jaillissantes en eaux plates, les séjours des
carpes ornés de sculptures et de dorures les
plus exquises, et à peine achevés, rechangés
et rétablis en boulingrins; sans compter la
prodigieuse machine avec ses immenses aquéducs, ses conduits et ses réservoirs mons-
trueux. Quiconque examinera tout cela en
détail, trouvera que Marly a peut-être plus
coûté que Versailles, et voilà ce qui est arrivé d'un choix fait exprès pour ne pas dépenser. »

Ces travaux gigantesques de Louis XIV ne

produisoient souvent que des aspects symmétriques et monotones ; mais ces changemens sans cesse répétés, cette indécision con-
tinuelle dans les entreprises du roi prouvent
que ce prince avoit un sentiment intérieur
du beau, qu'il cherchoit à réaliser. Il y seroit
parvenu s'il n'avoit pas été entraîné par l'influence de son siècle. A cette époque on auroit
cru rétrograder en revenant aux formes simples de la nature, dans les jardins, ou aux principes purs de l'antique, dans les Arts. Si
Louis XIV avoit trouvé les Arts au point
où les laissa François Ier., les édifices qu'il
eût fait bâtir auroient surpassé tout ce que
l'Italie ancienne et moderne offre de plus
beau, et la postérité auroit trouvé, un jour,
un plus grand nombre de monumens à admirer dans nos ruines ; mais cette simplicité
excellente ne pouvoit guères s'allier avec
les goûts magnifiques du roi. Ce Prince prenoit souvent la richesse pour la grandeur,
l'éclat pour le beau ; on vit dominer sous son
règne un mélange de l'antique et du moderne
dans les tableaux, dans les statues et les vê-
temens de théâtre. Lui-même est représenté,
dans ses portraits, vêtu du costume romain

du

du Bas-Empire, avec un manteau de soie flottant et attaché avec des diamans, des cothurnes brodés, et la tête couverte d'une énorme perruque noire. Les fêtes qu'il donnoit, quoique noblement conçues d'ailleurs, étoient gâtées par le faste italien. Les personnages les plus distingués de la Cour y représentoient, les quatre parties du monde, les quatre élémens, les quatre saisons de l'année, sous les costumes les plus bizarres et les moins convenables au sujet; il est vrai qu'en voyant le grand Condé, le duc de Guise, le roi lui-même remplir ces rôles, on oublioit aisément ce qu'ils avoient de ridicule. Si l'œil d'un ami des Arts étoit choqué, le cœur d'un Français étoit ému à la vue de ces hommes célèbres, et trouvoit dans la magnificence de leurs jeux un certain rapport avec la grandeur de leurs actions et l'éclat de leur gloire. Des défauts non moins remarquables s'étoient introduits dans l'architecture, et les plus belles masses étoient interrompues et coupées par des ornemens inutiles; on avoit adopté le contraire de ce que la raison indique, la ligne courbe dans les bâtimens et la ligne droite dans les jar-

dins. Le Nôtre et Mansard, deux hommes
de génie, réussirent seuls dans ce genre ; les
Tuileries à Paris, la Villa-Pamphili à Rome,
le parc de St.-James à Londres, l'orangerie
de Versailles et les châteaux de Maisons et de
Clagny, sont des preuves de leurs talens ;
mais bientôt leurs imitateurs détruisirent
cette courte illusion, et laissèrent voir toute
l'imperfection du goût moderne; ce qui avoit
paru admirable pour les promenades publiques ou les palais des souverains, devint
mesquin et froid, adapté à la fortune et à
la demeure d'un particulier. La France se
couvrit de châteaux massifs, de terrasses en
échelons, qui se communiquoient entre elles
par des escaliers de pierre. Il sembloit que
les seigneurs se fussent étudiés à imaginer
tout ce qui pouvoit être le plus difficile à
exécuter, afin de se distinguer des simples
habitations qui n'avoient d'autres ornemens
que les beautés naturelles des arbres, des
eaux et de la verdure.

Les châteaux les plus à la mode, et qui
la plupart existent encore, étoient composés
d'un corps de logis ayant deux ailes ren-
trantes à angle droit, du côté de la cour, ou

bien deux pavillons de même hauteur sur
la même ligne, le tout dominé par un immense toit couvert en ardoise; de ces deux
ailes partoient des balustrades de pierre qui
aboutissoient à deux petits pavillons servant
de demeure au portier, et joints ensemble
par une grille de fer. Cette enceinte, qui
ressembloit plutôt à une prison qu'à une
maison de campagne, étoit entourée de fossés secs ou pleins d'eau; de la grille partoit
un chemin droit, pavé, qui menoit à la
grande route. Le jardin se composoit de
deux terrasses, d'où l'on descendoit à un parterre, au milieu duquel étoit une pièce d'eau
découpée en forme de miroir, et de chaque
côté une rangée de tilleuls ou d'ormes se
fermant par le haut carrément, et laissant
voir de toutes parts de grands murs de clôture. Le parterre étoit planté d'une espèce
de buis divisé en plusieurs compartimens, et
représentant les armes du propriétaire, son
chiffre, ou l'année de sa naissance. Ces dessins se composoient quelquefois de cailloux
et de coquillages de différentes couleurs,
maçonnés sur un fond de sable. Aux quatre
coins s'élevoient des pyramides de verdure,

des vases de buis, et plus souvent des monstres de plâtre, vomisssant l'eau par la bouche, par la poitrine ; des nains, des Mercures, et des abbés lisant leur bréviaire. Près de Harlem, en Hollande, on voyoit un jardin où tout une chasse au cerf étoit représentée en charmille. Bernard de Palissy, dans la longue description de son *jardin délectable*, critique fort les oies, les dindons et les grues en ifs et en romarins qu'il avoit vus à St.-Omer, dans les jardins de l'abbé de Clairmarais, ainsi que les gens d'armes de buis de l'abbé des Dunes, en Flandre ; mais en même temps il donne le plan d'un bâtiment régulier en charmille, dans lequel on trouvoit des colonnes, des frises, des portes et des fenêtres comme chez soi. On voit encore à la terre de Chambaudoin, dans la Beauce, un labyrinthe représentant tous les instrumens de musique ; le violon est bien conservé, et le manche conduit au château.

Il n'est pas étonnant que de semblables demeures n'eussent pas inspiré à leurs habitans beaucoup de goût pour la campagne ; aussi personne ne s'occupoit d'en étudier ou d'en décrire les beautés : chacun y portoit depuis long-temps des occupations étrangères aux jouissances qu'on pouvoit y trouver. Monseigneur, disoit à Bossuet son jardinier, à qui il demandoit, par distraction, des nouvelles de ses arbres, si je plantois des Saint Augustins ou des Saint Jérômes, vous viendriez les voir, mais pour vos arbres vous ne vous en mettez guère en peine[1]. Saint-Evremond, voulant consoler le comte d'Olonne de son exil à la terre de Montmirail, près de Villers-Cotterets, lui donne toutes les instructions qu'il croit les plus avantageuses pour bien passer son temps à la campagne, et ces instructions ne portent que sur les moyens de faire bonne chère, et de ne pas déranger son estomac, tout en mangeant beaucoup. « Que ne doit-on pas tenter, dit-il, pour apprendre à manger délicatement aux heures des repas, ce qui tient l'esprit et le corps en bonne disposition pour toutes choses. Surtout n'épargnez aucune dépense pour avoir des vins de Champagne. Fussiez-vous à deux cents lieues de Paris, rappelez-

____

(1) *Éloge de Bossuet, par d'Alembert. Histoire des membres de l'Académie française, t. 1, p. 171.*

vous que Léon X, Charles V, François I.er, Henri VIII, avoient tous leurs maisons dans *Aï*, ou proche d'*Aï*, pour y faire plus curieusement leurs provisions. » Mesdames de Maintenon et de Montespan, presque toujours en opposition, le furent également dans leurs occupations à la campagne; mais l'une et l'autre étoient peu touchées de ses beautés [1]. La première y fondoit des écoles, appeloit de Flandre des ouvrières en dentelles, qu'elle logeoit et payoit pour apprendre à travailler aux femmes et aux filles, établissoit des fabriques et des manufactures, et ne sortoit guère de son vieux château. Madame de Montespan, au contraire, élevoit à Clagny, sous la direction de Mansard, le château le plus régulier de France, l'embellissoit de tous les chefs-d'œuvres de l'art, et plantoit, sur les dessins de Le Nôtre, des jardins symmétriques.

Quelque peu d'intérêt que l'on montrât pour les beautés de la campagne [2] sous le

-----

(1) *Saint-Simon.*

(2) *La même indifférence avoit lieu pour l'agriculture.* Voyez *à cet égard la Préface de la nouvelle édition des Œuvres d'Olivier de Serres.*

règne de Louis XIV, on l'habitoit néanmoins, n'importe comment, tandis qu'on la quitta tout-à-fait dans le temps de la Régence et sous le règne de Louis XV. Paris devint alors à la mode, comme la Cour l'avoit été quelques années avant, et l'opinion de la société fut plus recherchée que la faveur du monarque. On sent que le séjour de la campagne dut être encore plus négligé, on l'avoit même pris en aversion. Il existe plusieurs contrats de mariage de ce temps, où il est stipulé que la future ne passera qu'une partie de l'année dans les terres de son mari, sans que celui-ci, sous aucun prétexte, puisse l'y retenir davantage. A côté de cet éloignement pour la campagne, on ne sait comment expliquer les éloges sans cesse répétés de la vie pastorale, que l'on rencontre dans la plupart des ouvrages de littérature depuis le règne de Louis XIII. Les pièces de théâtre et les romans, tels que l'Astrée, Clélie, etc., sont remplis de bergers modernes habillés à la française, parlant le langage de l'hôtel de Rambouillet, et paroissant des gens du monde auxquels on auroit donné des pannetières et des houlettes. Vauquelin des Yveteaux,

homme de sens d'ailleurs et précepteur de
Louis XIII, s'étoit retiré dans une maison du
faubourg St.-Germain, où il passoit la moitié
de l'année, vêtu en berger. Là il se promenoit
dans un jardin de deux arpens, la houlette
à la main et le chapeau de paille sur la tête;
il lui sembloit conduire son troupeau, et le
défendre du loup; il lui adressoit des chan-
sons et des idylles. Il avoit fait habiller de
même sa grosse servante nommée Dupuys,
et ces deux personnes s'imaginoient goûter
ainsi les plaisirs de l'âge d'or et la vie primitive des hommes. Le genre pastoral n'a jamais pu se perfectionner en France, parce
qu'il n'avoit son principe ni dans nos mœurs
ni dans nos souvenirs. Il rappeloit aussi peu
la simplicité de la vie champêtre que les
fêtes de Louis XIV ne ressembloient aux
beaux et nobles tournois de la Chevalerie.
Encore, si cette manie de bergerie se fût
bornée au théâtre et à la littérature! mais
sous le règne de Louis XV elle s'introduisit
dans les arts, elle peupla les jardins de bergers à toupet frisé, de bergères à gros co-
tillons. Ces figures insipides paroissoient sur
la table, imitées en biscuit de Sèvres; on les

voyoit assises près des pendules ou conduisant leurs troupeaux, dans les corniches,
et sur les tapisseries des salons : plusieurs
même furent envoyées à la Chine, pour en
revenir dorées sur du vieux laque. On ne
vouloit plus être peint que de cette manière;
des gens sérieux, de professions graves, sont
représentés dans les tableaux de ce temps
avec de grosses perruques, des habits couverts de rubans, et tenant un flageolet à la
main. D'après ces mêmes idées, quelques
personnes se déterminèrent à aller habiter
la campagne pour être plus près de leurs
scènes favorites; mais comme il est plus facile de changer de lieu que de manière de
vivre, ils apportoient dans leur château les
goûts et les habitudes de la ville. Tout en
vantant l'air pur des champs, on se levoit à
deux heures après-midi, on jouoit jusqu'à
quatre heures du matin, et, tout en s'atten-
drissant sur la simplicité des mœurs champêtres, les femmes mettoient du rouge, des
mouches et de grands paniers [1].

(1) *Madame de *** ayant invité plusieurs personnes
de sa société à venir voir une terre qu'elle avoit fort*

Bientôt il se fit dans la littérature et dans la société un changement remarquable. Les allégories pastorales, qui n'avoient été imaginées dans l'origine que pour déguiser quelques intrigues amoureuses du temps, cachèrent bientôt d'autres intentions. Plusieurs gens de Lettres devinrent ce que l'on s'est plu à nommer *des philosophes.* La bergerie se trouva alors un emblême tout prêt, un moyen préparé pour attaquer les institutions, comme elle avoit servi d'abord pour fronder les mœurs. Seulement, afin de donner plus de vraisemblance aux tableaux et rapprocher les exemples des yeux, on transforma les bergers du Lignon en paysans de la Beauce et de la Brie; des Céladons, on fit des moralistes; on leur donna des vertus au lieu de grâces et d'élégance; leurs Idylles devinrent des sermons. Les danses des bergers de Vatteau et de Boucher furent remplacées par

embellie, tout le monde s'y rendit et y passa quinze jours à jouer et à se disputer sur les affaires du temps. Enfin la veille du départ on convint, par complaisance pour la maîtresse de la maison, qu'on iroit voir le parc; et en effet on fit l'après-dîné une promenade aux flambeaux.

les scènes villageoises de Greuse. On n'entendoit plus au théâtre que les sentences du vieux *Mathurin*, du gros *Colas*, et un jargon de campagne qui, sous l'affectation de la franchise et de la bonhomie, cachoit plus d'intention et de projets que les phrases précieuses et les *concetti* des anciens bergers. Tous les livres, même ceux destinés à l'éducation des enfans, ne parloient que de nos *péres nourriciers*; tous les exemples de fidélité, d'honneur et de désintéressement étoient pris parmi les gens de la campagne ou du peuple; et si quelquefois un homme du monde se trouvoit mêlé avec ces personnages, c'étoit pour y jouer le rôle d'un égoïste, d'un libertin, ou celui d'un philanthrope niais qui, oubliant vis-à-vis de ses inférieurs toute convenance, les encourageoit à les oublier également à son égard. Par une autre bizarrerie aussi étrange, et tandis que l'on recevoit ainsi des paysans des leçons de galanterie et de morale, on ne s'occupoit qu'à leur donner des règles et des préceptes d'agriculture; on leur apprenoit en très-beaux vers dans quel temps ils devoient labourer, semer, récolter; tous les poëmes rouloient sur ce sujet. On vit à la fois les Géorgiques de l'abbé Delille, les Saisons de M. de Saint-Lambert, les Mois de Roucher, l'Agriculture de Rosset, la Nature champêtre de Marnezia: enfin de nouvelles éditions du *Prœdium rusticum* du Père Vanière, qui avoit cru devoir traduire en vers latins la Maison rustique, afin de la mettre plus à la portée de tout le monde. Au milieu de ces singularités, ou plutôt à leur suite, arriva la Révolution. Chacun y apporta son petit tribut des foiblesses humaines. *Nos pères nourriciers* vendirent un peu cher le blé à leurs enfans, pendant la disette et la baisse des assignats : ils achetèrent assez bon marché les terres de leurs seigneurs. Le vieux Mathurin fut président de district, le gros Colas fit des motions, et plusieurs d'entre eux allèrent même jusqu'à emprisonner leurs précepteurs et leurs apologistes; il leur est arrivé

> .... quelquefois de manger
> Le berger.

Alors, soit que l'on soit devenu injuste ou seulement indifférent à leur égard, il est certain qu'on ne les voit plus paroître à présent ni sur la scène ni dans les romans; il

semble qu'ils aient aussi perdu leurs privi-
léges à la Révolution. On est convenu de
prendre les vertus où elles se trouvent, et
de n'attribuer le bonheur qu'à ceux qui en
jouissent, sans le chercher exclusivement
dans un état plutôt que dans un autre [1].

(1) *Il est triste de le dire, mais c'est à l'homme
des villes principalement qu'appartient le bonheur de
la campagne, lorsqu'il peut l'habiter sans regretter
le monde : c'est lui seul qui a la faculté d'apprécier
tous les biens qu'elle offre, et le temps de reste pour
en jouir. Les conditions humaines ressemblent à ce
testament des fables de La Fontaine, qui ne devoit
contenter les légataires que lorsque chacun d'eux se
seroit défait du lot qu'il avoit reçu en partage. Les
Paysans, esclaves des élémens, victimes des beautés
que nous admirons le plus dans la nature, ne jugent
des idées que nous y attachons que par les peines
qu'ils en ressentent ; le soleil levant est pour eux le
signal des travaux pénibles de la journée, l'orage qui
embellit l'horizon leur annonce la grêle qui menace
leur récolte ; ils considèrent un beau lieu du même
œil que les habitans actuels de l'Égypte regardent
les palais des rois de Thèbes, sur les sommets desquels ils ont bâti leurs misérables cabanes. Plus un
pays est civilisé, plus les paysans semblent s'éloigner
des idées que la campagne inspire. Le nègre, riche
de son imprévoyance ; le turc, de son apathie ; le
paysan espagnol, de sa frugalité, vivant tous sous
un beau climat, ont un instinct plus naturel de la
vie contemplative qu'aucun peuple de l'Europe : le*

Quoique la plupart des gens du monde,
en France, depuis le règne de Louis XIII,
vécurent peu à la campagne, il y avoit cependant deux classes d'hommes qui s'y trouvoient fixées de tout temps, l'une par nécessité, l'autre par goût ou par philosophie.
La première composoit le corps de la no-

*premier se laisse aller doucement au courant du fleuve,
dans son canot d'écorce; l'autre fume sa pipe assis
sous un platane sur les rives du Bosphore; le troisième chante, la nuit, sur sa guitare, au milieu des
ruines de Grenade, tandis que nos plus riches fermiers de la Brie ou de la Normandie travaillent sans
relâche toute la semaine pour jouer aux quilles le di-
manche, et boire du vin aigre au cabaret. L'habitant
des environs de Paris est encore moins distingué que
les autres, à cet égard : c'est une espèce de bourgeois
qui réunit la recherche des villes à la grossièreté des
campagnes ; son costume est en cela comme son caractère. Il existe cependant quelques exceptions à cette
règle, et on les rencontre parmi les paysans de l'Au-
vergne, de la Bretagne, de quelques parties de la
Picardie, et surtout chez les Béarnois, qui ne voudroient pas plus quitter leurs barrettes que leurs montagnes, ni cesser de parler du bon Henri. C'est au
milieu de ces peuples que se sont conservées les vraies
mœurs de la campagne, et que l'on pourroit trouver
le sujet d'idylles modernes, non moins touchantes,
non moins naïves que les anciennes; ces dialogues
ne seroient ni fades comme ceux de nos premiers ber-*

blesse pauvre, habitant les débris des châteaux de leurs pères, et conservant, à peu de chose près, leur manière de vivre. Comme eux ils passoient la moitié de leur temps à la chasse ; mais au lieu d'y aller à cheval, suivis de leurs écuyers, et un faucon sur le poing, ils suivoient un lièvre à pied, avec un fusil.

gers, ni pédans comme ceux des autres, mais un tableau simple et vrai des habitudes champêtres.

Il existe un pays où ces mœurs antiques se sont même conservées dans les autres classes de la Société, où l'on retrouve les affections sociales mêlées aux grands spectacles de la nature et aux travaux simples de la vie champêtre, c'est l'Écosse ; là on rencontre des gentlemen farmers, gentilshommes fermiers, ou plutôt fermiers bourgeois, qui ayant des baux de 18 ans font valoir une grande étendue de terre, sont entourés de beaucoup de serviteurs et de troupeaux, comme aux temps d'Homère et de Jacob. Dans leur habitation séparée, on trouve toute la propreté des gens du monde, jointe à l'abondance que procure une grande exploitation. Leurs subalternes partagent leurs richesses, parce qu'elles consistent dans l'abondance. Ils sont divisés par cantons, dont tous les habitans portent le même nom, ainsi qu'étoient les anciennes tribus : dans tel district, tout le monde s'appelle Macdonald, dans tel autre, Gordon. Les paysans sont encore vêtus des étoffes bariolées de leurs pères, de leur singulière tunique, et chantent comme eux les poésies d'Ossian.

Au lieu de fêtes et de tournois, on les voyoit au bal chez le Lieutenant du roi ou l'Intendant de la ville voisine. L'autre classe, moins nombreuse, étoit composée de gens distingués qui, après avoir rempli une carrière honorable, trouvoient un grand charme dans la retraite. C'est par eux que s'est formée la vie de châteaux, qui, réunissant la richesse à la considération, formoit, dans les derniers temps, l'existence la plus agréable. Là se conservoit un honneur héréditaire, entretenu d'âge en âge comme le feu sacré. Ces nobles demeures avoient leur histoire, ainsi que les donjons des chevaliers avoient eu jadis leurs romans ; les portraits de famille étoient rangés par ordre dans les salles, et les tombeaux dans la chapelle. Ces images des bons aïeux, sans cesse présentes aux yeux des jeunes-gens, se gravoient naturellement dans leur mémoire, et les suivoient dans la vie, comme autant de guides qui devoient les ramener, un jour, purs et sans tache au manoir natal. Les meubles des appartemens avoient l'air d'en être les contemporains ; leur forme et leur couleur étoient en harmonie avec les vieux pans

de

de boiseries des murs et les cadres tortillés
des tableaux.

Auratasque trabes, veterum decora alta parentum [1].

Ces sortes d'habitations me paroissent bien
décrites dans le roman de madame de la
Vallière, dont le château existe encore à
trois lieues de Tours. « Il étoit bâti sur le
penchant d'une montagne, dit madame de
Genlis ; il dominoit du côté du midi les bords
enchantés de la Loire, et les ombrages majestueux d'une vaste forêt formoient un cintre
imposant et mélancolique autour de la façade du nord. L'intérieur du château offroit
partout les restes d'une magnificence dégra-
dée par le temps ; on y voyoit la sage économie et la noble simplicité de ses habitans,
en s'y rappelant le luxe éclatant des anciens
possesseurs. Nous n'avons plus que des souvenirs personnels ; ils sont bornés comme la
vie, et même souvent, comme la jeunesse,
un petit nombre d'années les compose. Nos
pères les étendoient autant que le permettent
l'imagination et la mémoire : ils se rappe-

(1) *Virg. L. ii, v. 448.*

loient avec attendrissement les actions de
leurs ancêtres; ils travailloient avec ardeur
pour leur postérité; le passé ainsi que l'avenir avoient pour eux toute leur immense
étendue, ils en jouissoient également par
leurs souvenirs, leurs sentimens, leurs projets et leurs espérances. Tant qu'on aima sa
patrie et ses rois, on voulut se retracer les
faits qui pouvoient les illustrer. La plus belle
partie de l'histoire nationale devint une tradition de famille, et la gloire de ses aïeux
fut alors le bien héréditaire le plus précieux
et le plus estimé. On conserva dans les châteaux, avec un respect filial, avec orgueil
les meubles gothiques de ses pères : on montroit la tapisserie usée qu'une aïeule labo-
rieuse avoit tissue de ses mains; on se promenoit dans les longues galeries remplies des
portraits révérés de ses parens et de ses souverains; chaque chambre avoit son anecdote,
et gardoit les noms des princes et des grands
personnages auxquels on avoit donné l'hospitalité : dans ces vénérables demeures, rien
n'annonçoit le goût frivole de la nouveauté;
l'oubli, l'ingrat oubli ne s'y montroit jamais;
tout y portoit la noble empreinte de la so-

lidité, de la gloire et de la reconnoissance. »

Déjà sous le règne de Louis XIV, on voyoit plusieurs personnages marquans préférer cette vie noble et simple aux agrémens de la Cour. Le grand Condé, qui s'étoit plu à cultiver des œillets dans le donjon de Vincennes, goûtoit bien mieux les amusemens de la campagne dans le beau séjour de Chantilly, que la nature semble avoir destiné pour la retraite des grands hommes. Il s'occupoit, dit un de ses descendans [1], du soin de l'embellir encore; tous les changemens qu'il fit, tous les ouvrages qu'il créa, portent l'empreinte de son génie. L'élévation de son âme ne se manifestoit pas moins dans le choix de sa société. Chantilly rassembloit alors ce qu'il y avoit d'illustre dans tous les genres : généraux, magistrats, négociateurs, gens de Lettres, artistes y étoient indistinctement admis, et même désirés, pourvu qu'ils eussent du talent; ce prince ne trouvoit au-dessous de lui que la médiocrité. Supérieur dans plus d'un genre, instruit dans tous, le héros s'entrete-

______

(1) *Essai sur la vie du grand Condé, par L. J. de BOURBON, son quatrième descendant.*

noit avec Créquy, Luxembourg ou Chamilly;
l'homme d'État avec d'Estrade, Barillon,
Polignac; le prince instruit dans les lois, avec
Boucherat ou Lamoignon; le connoisseur
avec Mansard, Le Nôtre, Coisevox; l'homme
éloquent avec Bossuet et Bourdaloue; le philosophe avec La Bruyère et La Rochefou-
cauld; l'homme de Lettres avec Boileau,
Racine, Santeuil, La Fare, mademoiselle de
Scudéry, madame de La Fayette, et quantité
d'autres gens de talent et de mérite dans tous
les genres, à qui la postérité croit rendre un
hommage de plus, en se rappelant qu'ils
étoient de la société de ce grand prince. »
Plus modeste dans sa retraite, le maréchal
de Catinat cachoit à Saint-Gratien sa gloire
et sa pauvreté; s'éloignant de la Cour sans
la fuir, gémissant de son sort sans s'en plaindre, il sembloit n'avoir jamais connu ni mérité
d'existence plus brillante. « Nous ne passons
pas un jour sans le voir, dit madame de Cou-
langes; je le trouve seul, au bout d'une de
nos allées; il y est sans épée; il ne croit pas
en avoir jamais porté. » Deux femmes célèbres
de ce temps, madame de Sévigné et mademoiselle de Montpensier, vivoient également

retirées à la campagne. Madame de Sévigné embellissoit sa retraite de ses affections et de ses souvenirs. Une allée de son parc portoit le nom de sa fille; sur plusieurs arbres on lisoit des devises qui avoient rapport à son absence. « Me voici dans ces pauvres rochers [1], lui écrivoit-elle : peut-on revoir ces allées, ces devises, ce petit cabinet, ces livres, cette chambre, sans mourir de tristesse : il y a des souvenirs agréables ; mais il y en a de si vifs, de si tendres, qu'on a de la peine à les supporter; ceux que j'ai de vous sont de ce nombre. » Sans ce regret, elle eût été heureuse en partageant son temps entre la promenade, les travaux qu'elle faisoit exécuter dans son parc, et ses lectures. Elle refusoit les offres de ses amis, qui vouloient lui donner les moyens de passer l'hiver à Paris. « On nous plaint à Paris, disoit-elle [2]; on croit que nous sommes au coin de notre feu à mourir d'ennui et à ne pas voir le jour; mais, ma fille, je me promène, je m'amuse; ces bois n'ont rien d'affreux ; ce n'est pas d'être ici qu'il faut me plaindre. » Elle dé-

(1) *Lettre 105, tome II, dernière édition.*
(2) *Lettre 372, tome IV, dernière édition.*

plore ailleurs la perte de plusieurs vieux arbres que son fils avoit fait couper dans une de ses terres. « Toutes ces Dryades affligées que je vis hier, tous ces vieux Sylvains qui ne savent plus où se retirer, tous ces anciens corbeaux établis depuis deux cents ans dans l'horreur de ces bois, ces chouettes qui, dans cette obscurité, annonçoient par leurs funestes cris le malheur de tous les hommes : tout cela me fit hier des plaintes qui me touchèrent sensiblement le cœur, et que sait-on même si plusieurs de ces vieux chênes n'ont point parlé, comme celui où étoit Clorinde. »

Mademoiselle de Montpensier, dont la vie avoit été aussi agitée que celle de madame de Sévigné étoit tranquille, habita d'abord la campagne par humeur, et auroit fini par s'y fixer par raison. Ses projets de mariage avoient tous été ou trop élevés ou trop modestes, et aucun ne lui avoit réussi. Irritée contre la Cour, ennuyée du monde, et mal payée de ses sentimens, elle forma un plan charmant de retraite à la campagne ; et il semble qu'elle ait deviné la vie de châteaux telle qu'elle a existé depuis et qu'elle est encore. « Premièrement, dit-elle [1], il faudroit que les personnes qui voudroient se retirer de la Cour ou du monde, s'éloignassent de l'un et de l'autre sans en être rebutées; mais qu'elles le fissent par la connoissance du peu de solidité qu'on trouve dans ce commerce : et il est aisé de ne s'en pas soucier, quand on est parvenu, par ses soins ou par sa naissance, à jouir d'une fortune honnête et selon sa condition. On peut aussi se trouver en âge où l'ambition est moins vive, et où les personnes raisonnables peuvent guérir facilement. Il seroit bon de concerter tous ensemble du lieu de l'habitation, et délibérer si on choisiroit les bords de l'Oise ou ceux de la Seine. Quelques-uns aimeront mieux les bords de la mer. On prendroit un grand plaisir à faire planter et à voir croître des arbres différens; le soin d'ajuster sa maison et son jardin occuperoit aussi beaucoup. Ceux qui aiment la vie active travailleroient à toutes sortes d'ouvrages, comme à peindre ou à dessiner, et les paresseux entretiendroient ceux qui s'occuperoient de la sorte. On nous enverroit

(1) *Mémoires de mademoiselle de Montpensier, tome IV, pag. 121.*

tous les livres nouveaux et tous les vers, et ceux qui les auroient les premiers, auroient une grande joie d'en aller faire part aux autres. Je ne doute pas que nous n'eussions quelques personnes qui mettroient aussi quelques ouvrages en lumière, selon leur talent. Ceux qui aiment la musique la pourroient entendre, puisque nous aurions parmi nous des personnes qui auroient la voix belle et qui joueroient du luth, du clavecin et d'autres instrumens. » Jusque-là tous ces projets sont assez raisonnables ; mais ceux qui suivent tiennent au faux goût et à la malheureuse manie de bergerie dont nous avons parlé. « Je voudrois, ajoute-t-elle, qu'on allât garder les troupeaux de moutons dans nos belles prairies, qu'on eût des houlettes et des capelines, qu'on dînât, sur l'herbe verte, des mets rustiques et convenables aux bergers, et qu'on imitât quelquefois ce qu'on a lu dans l'Astrée : Lorsqu'on seroit revêtu de l'habit de berger, je ne désapprouverois pas qu'on tirât les vaches, ni que l'on fît des fromages et des gâteaux. »

Autant le repos est noble, lorsqu'il est le prix des travaux ou la consolation de l'injustice, autant il est déplacé lorsqu'il arrête une carrière honorable. On regretta de voir, peu de temps après cette époque, le duc du Maine mener à Sceaux une vie oisive et nulle; tandis qu'il pouvoit prétendre à la régence, et sauver à la France un temps malheureux. Il traduisoit l'Anti-Lucrèce, au lieu d'aspirer à gouverner l'Etat. La duchesse, plus ambitieuse que lui, n'ayant pu parvenir à lui faire jouer un rôle brillant, adopta bientôt une vie semblable à la sienne. Elle rassembloit chez elle les gens les plus distingués : Chaulieu, Saint-Aulaire, Malezieu, La Motte, Fontenelle, Voltaire, composoient ce que l'on appeloit l'école de Sceaux. Là on retrouvoit les grâces des poëtes de la Grèce et la doctrine de ses philosophes, les charmes de la conversation et les agrémens de la campagne.

La vie de châteaux se perfectionna sous le règne de Louis XVI, lorsque la Cour perdit l'éclat qui l'environnoit. La liberté et le bonheur dont on jouissoit chez soi faisoient sentir vivement la gêne de se déplacer, et l'on aimoit mieux recevoir des hommages dans ses terres que d'en aller rendre ailleurs.

Quoique les prérogatives des seigneurs fussent bien diminuées, elles existoient cependant encore assez, pour leur donner une sorte de considération et de patronage qui rappeloit l'ancienne autorité, sans en avoir les inconvéniens. Les liens qui unissoient ainsi le château à la chaumière, les propriétaires de terres aux gens de la campagne, tournoient presque toujours à l'avantage des derniers. Pour quelques honneurs frivoles qu'ils rendoient au seigneur de la paroisse, à la dame du château, ils leur imposoient de véritables devoirs de bienfaisance et de protection, qu'il étoit honteux à eux de ne pas remplir. Depuis que ces rapports ont été détruits, les châteaux ne sont plus que des maisons un peu plus grandes que les autres, où l'on vit comme l'on veut, sans s'intéresser à ce qui se passe aux environs : si quelques amours-propres ont gagné à cette indépendance générale, les pauvres y ont peut-être perdu un point de ralliement, et elle a fourni du moins de bons prétextes à l'égoïsme.

Ainsi que les seigneurs, les gens de Lettres les plus distingués habitoient de préférence la campagne, et en faisoient l'éloge dans leurs ouvrages. La Fontaine et Chaulieu lui durent leurs meilleurs vers. Boileau ne sortoit guère de sa maison d'Auteuil que pour aller à Bâville, chez M. De Lamoignon, ou dans les terres de quelques autres de ses amis. Les habitans de Montbar, en Bourgogne, conservent le souvenir de M. de Buffon, comme s'il vivoit encore. Voltaire, dont on a dit tant de mal, quoiqu'il fît à Fernay tant de bien, ne se plaignoit point d'être éloigné de Paris; et Rousseau portoit sa paresse tantôt dans un lieu, et tantôt dans un autre. Nous nous réservons d'entrer dans plus de détails sur la vie de ces hommes distingués, en décrivant les lieux qu'ils ont habités. Nous aimons mieux les faire connoître ensemble, et donner ainsi l'histoire de la solitude, comme Zimmermann en a écrit la théorie. D'ailleurs le but de cet ouvrage est moins d'inspirer le goût de la campagne que d'ajouter aux agrémens des personnes qui l'habitent. Nous avons vécu long-temps sous l'empire de la nécessité, et il ne faut plus de philosophie pour se conformer à sa position; l'habitude et l'exemple général suffisent à cet égard. Le plus dif-

ficile est d'aimer son sort [1], quel qu'il soit,
et d'y conserver de l'indépendance. L'ennui
s'attache à ceux que le malheur épargne, et
les occupations de la campagne me semblent
le véritable remède à ces deux maux. *Il faut*
(comme dit Candide) *cultiver son jardin,*
ou, ce qui vaut encore mieux, l'embellir si
l'on en a le moyen. La France offre déjà
plusieurs parcs assez beaux pour encourager à les imiter, et ne pas obliger d'aller
chercher des modèles chez les étrangers. En
les rassemblant dans cet ouvrage nous dési-
rons être utiles à ceux qui aiment cette occupation. Les exemples, mis sous les yeux,
servent en cela plus que les préceptes;
l'étude que l'on fait soi-même, plus que les
conseils des gens de l'art; le temps et une
surveillance personnelle, plus que la dépense
prodiguée en un moment. Il est peu de personnes qui voulant embellir le lieu qu'elles
habitent ne puissent y parvenir sans déran-

(1) *Suivant la belle expression de Diderot :* accep-
ter l'adversité. (*Vie de Sénèque.*) *Une femme, dis-
tinguée par son esprit, a dit :* qu'il ne falloit pas
faire seulement de nécessité vertu, mais de nécessité
plaisir.

ger leur fortune, si elles veulent se résoudre à n'exécuter chaque année qu'une petite partie d'un plan général auquel elles se seroient fixées après de longues réflexions. Si le goût de semblables travaux pouvoit s'introduire parmi tous ceux qui ont conservé ou acquis quelque terre, il en résulteroit un grand avantage pour la France en général. Ce pays y gagneroit un aspect agréable et pittoresque qui lui manque quelquefois, surtout dans les environs des villes : on verroit bientôt disparoître ces grands murs qui servent de clôture à tous les enclos, et qui fatiguent les yeux par leur excessive blancheur et leur ligne monotone ; les bords des rivières ne seroient plus aussi encaissés, aussi arides ; on ne passeroit plus aussi rapidement d'une forêt épaisse à des champs entièrement découverts ; la vue ne seroit pas sans cesse arrêtée par une allée d'arbres taillés comme un coffre vert, ou par une terrasse garnie de vases et de figures de plâtre. Il seroit à désirer que l'art des jardins devînt populaire en France, comme l'architecture l'est en Italie : chaque maison, dans ce dernier pays, a son principe de construction qui se rattache à une école pure ;

les moindres métairies sont ornées d'un petit porche, d'un toit bien fait, ou d'une galerie à jour qui sert à sécher les légumes ; enfin on remarque partout un ensemble qui présente de jolies lignes et se groupe agréablement avec ce qui l'entoure. De même en France chaque maison devroit être accompagnée d'un jardin soigné, de quelques arbres, et n'être séparée des autres habitations que par un fossé ou une haie, afin de se servir ainsi mutuellement de point de vue, et former une réunion de demeures agréables, de tout genre. Je sais qu'il existe encore beaucoup de préjugés contre le nouveau goût des jardins, malgré tout ce qui a été écrit en sa faveur. Quelques gens tiennent aux vieilles coutumes [1], et d'autres croient qu'il ne faut pas imiter les Anglais, comme si le patriotisme ne consistoit pas plutôt à surpasser ceux qui font bien,

---

(1) *Quelques personnes sensées, mais que les événemens ont peut-être rendues trop sévères, attribuent les malheurs de la révolution à tous les changemens qui se sont introduits dans nos usages, et même dans nos jardins : elles voudroient rétablir tout ce qui a été détruit, comme s'il étoit nécessaire de repasser par les anciennes allées pour revenir aux anciennes institutions.*

qu'à faire autrement qu'eux. « Mon amour pour la patrie, dit Voltaire [1], ne m'a jamais fermé les yeux sur le mérite des étrangers ; au contraire, plus je suis bon citoyen, plus je cherche à enrichir mon pays de trésors qui ne sont pas nés dans son sein. » D'ailleurs cette opinion est d'autant plus absurde, que nos jardins modernes ne sont pas une invention de l'Angleterre. Ce sont les jardins des Anciens, ceux du Tasse [2], de Milton [3], de Pétrarque ; ce sont les jardins de la nature, auxquels les Anglais sont revenus un peu plutôt que nous. Bien loin de nous avoir jamais dirigés dans cet art, ils nous ont constamment imités ; c'est de nous qu'ils tenoient leurs jardins jusqu'au dix - septième siècle. Sous le règne de Louis XIV, ils firent venir Le Nôtre pour tracer les plans de St.-James

(1) *Lettre de Voltaire à M. Maffei, Préface de Mérope.*

(2) *Jérusalem délivrée, Ch. xv, Description de l'île et du palais d'Armide.*

(3) *Paradis perdu, description du jardin d'Eden, L. iv. Ce tableau est entièrement celui des jardins modernes, comme l'ont remarqué plusieurs écrivains, entre autres M. Walpole, dans un petit traité sur les jardins, à la suite de ses anecdotes of Painting.*

et de Greenwich; leurs artistes les plus distingués, et qui plantoient tous les jardins à cette époque, étoient London et Wise, qui exagéroient les escaliers de pierre, les terrasses et les parterres de buis. Long-temps avant qu'Addisson eût signalé ce mauvais goût dans sa feuille du Gardien [1], le savant évêque d'Avranches, M. Huet, l'avoit déjà critiqué [2], et avoit développé le plan des jardins tels qu'ils existent à présent. *Ce n'est pas raison* (avoit dit avant eux Montaigne) *que l'art gâgne le point d'honneur sur notre grande et puissante mère nature. Nous avons tant rechargé la beauté intrinsèque et richesse de ses ouvrages par nos inventions, que nous l'avons du tout étouffée, si bien que partout où sa pûreté reluit, elle fait une merveilleuse honte à nos vaines et frivoles entreprises* [3]. Dans beaucoup d'ouvrages du même temps on trouve de semblables critiques [4]; il s'en

(1) *The Guardian, N°. 173.*

(2) *HUETIANA. Ch. LXXII. Des jardins à la mode.*

(3) *MONTAIGNE, L. 1, ch. XXX.*

(4) *Madame de Sévigné, en parlant d'une montagne agréable qu'elle avoit vue, et d'où sortoient plusieurs sources, s'exprime ainsi:* si cette montagne

fallut

fallut même de bien peu que Louis XIV n'adoptât pour Versailles les plans de Duverny, qui étoient des jardins irréguliers, dans le style le plus distingué. Il balança long-temps ; mais l'éloignement que ce prince avoit pour toute innovation trop marquée, lui fit préférer ceux de Le Nôtre, moins extraordinaires alors , et dont on pouvoit mieux se figurer l'effet. Cet exemple décisif retarda d'un demi siècle nos progrès dans cet art, mais un changement n'en étoit pas moins prévu déjà, et il eut lieu il y a quarante ans, sans avoir besoin d'aucune influence étrangère ; il se fit naturellement, par l'introduction des arbres exotiques : la multiplicité de leurs formes, la variété de leur feuillage firent reconnoître qu'ils convenoient

étoit à Versailles, je ne doute pas qu'elle n'eût ses parieurs contre les violences dont l'art opprime la pauvre nature dans l'effet court et violent de toutes les fontaines, etc. (Let. 426, t. IV.) Il y auroit mille exemples semblables à citer. Les Anglais ont pris de nous leurs jardins, comme ils ont reçu nos institutions, lors de la conquête de Guillaume-le-Conquérant. Ils ont perfectionné les uns et les autres ; et nous sommes allés à notre tour les reprendre chez eux. C'est ainsi qu'ils achètent aux Espagnols leurs laines, et les leur revendent manufacturées.

mieux réunis en bosquets ou plantés isolé-
ment que rangés en allées droites. De cette
manière ils se développoient plus facilement,
et formoient de plus belles masses. Cette irré-
gularité une fois adoptée, les mêmes changemens eurent lieu pour le cours des eaux
qui devoient les arroser : pour les chemins
que l'on pratiquoit au milieu d'eux, on n'eut
pas besoin de faire venir des pays étrangers
des maîtres dans un art que la nature nous
indiquoit également dans le nôtre. Quelques
peintres [1] et des gens de goût furent les premiers qu'on suivit, et les plus beaux jardins
de France durent même leur principal mérite à l'expérience et au jugement de ceux à
qui ils appartenoient [2]. Cependant comme
tous les arts, dans leur enfance, sont sujets à

(1) *On doit distinguer parmi eux M. Belanger, ar-
chitecte et peintre de paysage, dont presque tous les
travaux existent encore, et sont remarquables par
leur bon goût et leur élégance. M. Robert, trop connu
pour qu'il soit nécessaire d'en faire l'éloge ; M. Mo-
rel, auteur d'un ouvrage intitulé :* la Théorie des
Jardins, *et plusieurs autres artistes.*

(2) *M. de Girardin à Ermenonville, M. Boutin à
Tivoli, M. de Boulogne à la Chapelle, M. de Laborde à Méréville, etc. etc. M. de Girardin, non-*

s'écarter de la route du vrai lorsqu'ils y sont autorisés par quelques exemples, plusieurs personnes se laissèrent entraîner *au genre chinois*, qui consistoit à produire dans un très-petit espace autant de scènes différentes que ce peuple en représentoit à la fois sur ses tapisseries. On crut qu'il étoit beau de tourmenter un terrein en mille manières bizarres, d'y créer un tas de monticules, où l'on arrivoit par des sentiers tournans et étroits. Un filet d'eau obtenu à grands frais par la pompe à feu de Perrier sortoit deux fois la semaine d'un immense rocher, et remplissoit par une soi-disant cascade une rivière maçonnée que les enfans sautoient à pieds joints; cent petits ponts, cent petits chemins, cent petits canaux serpentoient dans les jambes, et faisoient regretter sans cesse ces bonnes allées droites de nos pères, ces toits de verdure où l'on pouvoit du moins marcher devant soi et avoir un voisin pour causer. Une autre manie, non moins ridicule, occupoit une autre espèce de gens : c'étoit une sorte d'enthousiasme outré

seulement créa lui-même son jardin, mais écrivit un petit ouvrage excellent pour diriger ceux qui voudroient se livrer comme lui à ce genre d'occupation.

pour les différens aspects de la campagne,
qui parut tout d'un coup, comme si on eût
fait à l'instant la découverte de leurs beautés.
Cette passion produisoit, dans les personnes
qui en étoient affectées, une extase puérile
à chaque pas, et leur faisoit trouver dans la
nature mille choses surnaturelles, comme
souvent les gens du monde voient dans les
ouvrages des artistes des intentions subtiles
que ceux-ci n'ont jamais eues. Les faiseurs
de jardins, imbus de ces mêmes idées,
rassembloient dans leurs parcs toutes les
scènes qui pouvoient les faire naître. Lorsque l'espace ne permettoit pas de varier
beaucoup les sites, ils y suppléoient à force
d'inscriptions ou de petites fabriques qui vous
apprenoient où vous deviez rêver, où vous
deviez vous attendrir; vingt arpens pouvoient
alors contenir un cours complet de morale.
Une promenade rappeloit tous les devoirs et
tous les sentimens; chaque rocher disoit quelque chose de tendre; chaque arbre portoit
une devise sentimentale conçue dans l'innocence des premiers âges ou dictée par celle
du propriétaire. Ces emblêmes cependant ne
produisoient pas toujours l'effet que l'on dé-

siroit. Des gens distraits, des femmes légères
rioient dans la vallée des tombeaux [1] ; on se
disputoit sur le banc de l'amitié ; on jouoit
gros jeu sous le chaume d'une cabane rustique ; et les voutes sombres de l'abbaye ou
de l'hermitage n'inspiroient pas toujours des
pensées bien religieuses [2].

(1) *Il falloit absolument un mort à un faiseur de*
jardins autrefois, comme il falloit un malade au
médecin de Pourceaugnac ; lorsqu'on avoit le mal-
heur de n'en point posséder dans sa famille, on en
empruntoit un dans l'histoire. Tout le monde envioit
au Propriétaire d'Ermenonville le corps de **J.-J.**
***Rousseau**, et à celui de Maupertuis le tombeau*
de Coligni : ces deux jardins ont perdu leur mort à la
révolution et n'en sont pas moins remarquables. Ce
n'est pas cependant que je veuille blâmer la coutume
antique et solennelle de placer sous de beaux om-
brages les cendres des personnes qui nous ont été
chères, mais ces tristes souvenirs doivent être soli-
taires comme la douleur qui les consacre et qui seule
a le droit de les visiter. Ils doivent être placés dans
des lieux écartés et ne point servir à une ostentation
ridicule.

(2) *Il sembleroit que les changemens opérés dans*
les jardins auroient eu des rapports avec la marche
de quelques autres idées qui devoient leur être tout-à-
fait étrangères. Dans le temps où la symmétrie do-
minoit dans les jardins, la régularité régnoit aussi
dans les autres choses de la vie. Les rangs étoient
réglés, les états distincts, les sentimens mêmes avoient.

Ce n'est point dans de semblables niaise-
ries que consiste l'art des jardins; et de même
que j'ai eu lieu d'observer plus haut que les
jardins de Pline étoient opposés à la noble
ordonnance qui dirigeoit les Anciens dans
toutes leurs productions, je remarquerai de
même ici que les compositions dont nous
venons de parler sont entièrement contraires
à la raison et au bon goût, et je conçois
qu'elles aient dû révolter les gens sensés et

*leurs gradations et, pour ainsi-dire, leur cérémonial,
comme la Cour son étiquette. Le grand Condé s'amusoit de la carte de tendre et de l'échelle d'amitié de
mademoiselle de Scudery, parce qu'elle présentoit en
effet une peinture comique des mœurs de son temps.
L'amour étoit alors un amusement de l'esprit autant
qu'un intérêt du cœur ; il ennoblissoit les idées sans
entraver l'ambition ou interrompre les occupations
sérieuses. On savoit véritablement la distance qu'il
y avoit du village de PETITS SOINS à celui de BILLETS
DOUX, etc., et on mettoit le temps qu'il falloit pour
s'y rendre. Depuis que l'on a perdu la carte de ce
pays ou que les routes en ont été dégradées, on y
voyage comme on peut à travers champs. Mais il est
certain que le vague qui s'est mêlé à tous les sentimens, comme à tous les principes, la liberté qui s'est
introduite dans la manière de vivre auroient suffi
pour faire abolir la régularité des lieux que l'on habitoit, si même on n'y avoit pas été déterminé par
les raisons que nous avons dites plus haut. Ce qui le*

leur donner de l'aversion pour le genre en lui-même. Le véritable art des jardins me paroît être *la science de produire, dans un lieu quelconque, l'aspect le plus agréable que le site soit susceptible de représenter.* Cette règle, une fois établie, elle modère également l'ambition de créer et la manie de détruire; elle oblige à suivre ce que la nature indique par la forme du terrain, la situation,

prouve c'est l'exagération à laquelle on s'est porté sur-le-champ à cet égard; on est passé, dans un moment, des jardins peignés et des sentimens précieux, aux lieux sauvages et aux passions sombres. Sitôt que J.-J. Rousseau eut élevé un autel à la rêverie dans les jardins d'Ermenonville, et fait grimper St.-Preux sur les rochers de Meillerie, tout le monde voulut l'imiter. On ne vit plus que des précipices dans les jardins, et que des gens attendris ou contemplatifs dans les salons. C'est alors que l'on commença à em-ployer sans cesse les mots mélancolie, romantique, tristesse *et surtout celui de* nature, *que l'on a si souvent dénaturé.* On eut la nature de l'homme, la na-ture des choses. *Le monde n'étoit plus que le grand livre de* la nature; *si quelqu'un se tuoit, les uns le blâmoient parce qu'il outrageoit* la nature; *d'autres le félicitoient de s'être endormi dans le sein de* la nature: *et dernièrement nous avons vu, dans une pièce de théâtre, que Buffon avoit composé son ouvrage tout entier sur les genoux de* la nature, *ce qui ne devoit pas être fort commode ni pour lui ni pour elle.*

l'étendue du lieu; elle permet de conserver la plus grande partie des anciennes formes, des ancieus travaux, lorsqu'ils ne s'opposent point au plan nouveau, et réduit ainsi beaucoup la dépense, le temps et la difficulté. Il est tel endroit qui ne pourra jamais être qu'une espèce de verger, et entourer un *cottage* ou chaumière ornée, tel autre qui ne sera susceptible que de présenter quelques mouvemens de terre couronnés de bois et ornés d'arbres isolés sur les bords; un troisième possédera de plus quelques sources, dont on pourra former une pièce d'eau et le cours d'une petite rivière dirigée au milieu de bosquets d'arbres étrangers. Un autre enfin, par la réunion de l'étendue du sol, de l'abondance des eaux et de la disposition du parc, pourra produire les aspects pittoresques de tout genre qui composeront cet ouvrage. Le bon goût et la sagesse consistent, dans les jardins comme dans tout le reste, à tirer le meilleur parti possible du genre de richesses que l'on possède.

Cet ouvrage se divisera en deux parties; la première contiendra les principaux jardins irréguliers que l'on connoît en France, et principalement ceux qui sont assez terminés pour ne pas devoir éprouver de grands chan-gemens. Nous considèrerons moins dans notre choix leur étendue que leur agrément, et la proportion qui régnera dans toutes leurs parties avec l'habitation principale. Les dessins sont tous faits par M. Bourgeois, artiste distingué, et dont cet ouvrage fera encore mieux connoître les talens. Il seroit à souhaiter que d'autres peintres qui ont pris des vues de nos jardins les fissent éga-lement graver ; ils feroient connoître les ri-chesses de la France en ce genre. Les An-glais ont dix ouvrages semblables, et nous n'en avions pas un seul jusqu'ici. Nous mêle-rons à celui-ci des observations sur les diffé-rens caractères de beautés qu'offre la nature, et sur celles qui sont susceptibles d'être imi-tées dans les jardins. La seconde partie, ainsi que nous l'avons annoncé dans le Prospectus, aura rapport aux châteaux, et aux fabriques des jardins, qui ne sont point encore en France ce qu'elles pourroient devenir. Il est même extraordinaire de rencontrer au milieu de fort beaux parcs, des habitations mal conçues et mal situées. S'il ne s'agissoit que de les rebâtir, rien ne seroit plus facile, au degré de perfection où se trouve portée l'architecture en France; mais l'état des fortunes, en général, permet tout au plus de les réparer. C'est alors que pour leur donner un aspect agréable, il est bon de recourir à quelque modèle qui puisse s'adapter à ces anciens édifices, et ces modèles existent en France dans nos vieux châteaux chevaleresques, et dans ceux de la renaissance des Arts, sous François Ier. Du mélange de ces deux époques, il me semble qu'il seroit facile de composer un style gothique qui conviendroit, peut-être mieux que l'architecture grecque, à nos mœurs, au genre de nos habitations, et au peu de dépense que l'on est à même d'y consacrer. Ce style gothique, ou plutôt arabe, s'adapte à toutes les constructions, parce qu'il n'est soumis à aucune règle sévère, et ne dépend d'aucune proportion fixe. Son désordre même a quelquefois du charme et plaît au milieu des aspects irréguliers de la campagne. Il convient mieux à nos mœurs, parce qu'il permet des dégagemens plus commodes, des jours plus multipliés, et toutes les combinaisons que demandent nos usages.

Il convient mieux à nos campagnes, parce que ces formes perpendiculaires, ces tours à créneaux, ces clochers pointus, coupent la ligne de l'horizon, tandis que l'architecture grecque, plus abaissée et plus horizontale, se confond ordinairement avec elle. Ces différentes considérations l'ont fait adopter généralement en Angleterre, et ce pays lui doit une réunion d'habitations, dont l'élégance et la variété s'accordent parfaitement avec les sites de la campagne. Nos anciens châteaux peuvent suggérer les mêmes idées à cet égard, et se multiplier ainsi par l'imitation; mais outre cet avantage, ils en ont un autre non moins important pour les habitations modernes, c'est d'être l'ornement de leur voisinage, le but de leurs promenades , et les traces précieuses des principales époques de notre histoire : ce sont des témoins de tous les temps, qui attestent à l'ignorance ou à la jalousie notre gloire passée. « *Le royaume de France* [1] , dit Froissart, *ne fut onques si déconfit qu'on n'y trouvât toujours bien à qui combattre;* » ces vieilles reliques de l'hon-

(1) *Froissart, ch. II.*

neur le prouvent assez dans toutes les provinces : elles entourent même la capitale,
comme d'une auréole brillante. Le donjon
de Vincennes rappelle les exploits de Philippe
Auguste, les discours du bon roi Charles V,
la piété de S. Louis, les œillets cultivés par
le grand Condé. Fontainebleau a vu mourir
Léonard-de-Vinci dans les bras de François Iᵉʳ. ; S. Cloud renferme la chambre où
Henri IV reçut les sermens de fidélité des
seigneurs français, entre les mains de Henri
III expirant. C'est des fenêtres de Saint-Germain que Louis XIII fixa ses derniers regards
sur l'abbaye de S. Denis, où il alloit rejoindre
ses aïeux, dont il ne croyoit pas devoir jamais être séparé. Enfin le noble Versailles,
superbe encore dans son abandon, comme
Louis XIV dans ses revers, domine tristement les belles campagnes dont il fut jadis
l'ornement. Que de réflexions ne fait-on pas
en parcourant ces longues galeries solitaires,
veterum penetralia Regum [1]; ces terrasses
désertes, malgré leurs marbres, leurs bronzes
et leurs vaines richesses ; enfin ces voûtes im-

_____

(1) *VIRGILE, L. II, v. 484.*

menses sous lesquelles sont placés les mêmes orangers, qui déjà vieux sous Henri IV, et jeunes encore de nos jours, ont embelli les fêtes de tous les règnes ! Ne devroient-ils pas, ces arbres éternels, raconter les destins des empires, comme jadis les chênes de la forêt de Dodone, et *porter inscrits sur leurs fleurs les noms des rois* [1]. Non, de tels souvenirs ne seront point effacés, et si *c'est un travail pieux d'écrire les faits de la patrie* [2], c'est un devoir de les sauver de l'oubli. En vain on a déjà porté la main sur ces anciens édifices, nous préserverons d'une entière destruction ceux qui existent encore ; nous irons les chercher dans toutes les parties de la France. Ils nous apprendront les hauts faits de leurs anciens maîtres, peu connus dans l'histoire de nos rois, mais célèbres dans la chronique de leurs provinces. La Normandie, la Bretagne, la Picardie, les montagnes du Jura sont encore couvertes de ces châteaux chevaleresques ; les uns situés près d'un lac,

(1) Dic quibus in terris inscripti nomina regum
Nascantur flores.   *Virg. Egl. iii, v. 106.*
(2) Et pius est, patriæ facta referre, labor. *Ovid.,*
Trist. ii, 322.

adossés à une forêt, les autres sur le bord
de la mer, où les vagues et les vents grondent
sans cesse, et que le ciel du Nord entoure
de ses nuages. Ceux du Midi de la France,
brillans de l'éclat de leurs murailles, des
belles campagnes qui les entourent, du soleil
ardent qui les éclaire, ont été chantés par
les Troubadours, et furent le berceau de
notre poésie. C'est là que siégeoient les Cours
d'Amour qui dictoient les lois de l'honneur
et de la galanterie. Tarascon, Beaucaire,
Signes, Pierrefeu, et surtout Vaucluse, qui
doit plus à Pétrarque qu'à la nature. Ceux
du Béarn ne sont pas moins célèbres; le château de Pau vit naître Henri IV et conserva
long-temps son berceau. Coaraze fut témoin
de ses premières amours, et Jarnac de ses
premiers exploits. Les châteaux du Poitou,
plus connus aujourd'hui par les malheurs de
la Vendée, se sont glorifiés, comme elle, de
plusieurs noms illustres.

Le fameux La Trimouille y reçut la naissance [1] *;*
L'amour y règne encore ainsi que la vaillance;
Le château qu'habita la jeune d'Aubigné

[1] *Poëme des Vergers, par* M. de FONTANES.

Du plus charmant vallon s'élève environné ;
Et je n'oublierai point cette cité voisine
Où du haut de sa tour gémissoit Mélusine.

Mais ce sont les bords de la Loire, du Cher, les jardins de la Touraine, qui nous arrêteront davantage ; leurs châteaux sont à la fois un cours d'histoire et une école des arts : Chaumont, Chinon, Blois, Vendôme; Chenonceau, Richelieu, Menars, forment une galerie historique depuis Charles VIII jusqu'à madame de Pompadour. Chambord à lui seul renferme un tableau de toutes ces époques. A côté de l'édifice élégant et noble de François Ier., on voit un long bâtiment terminé en terrasse, bâti pendant le règne de Louis XIV, la caserne des gardes du maréchal de Saxe, de grandes salles, divisées par des planchers en deux parties pour former des entresols et des boudoirs au marquis de Polignac, enfin d'autres pièces devenues des écuries sous Roberspierre.

Plusieurs de ces châteaux n'intéressent que par les personnages distingués qui les ont habités ; mais cela seul suffiroit pour les rendre fameux. Villebon, Montaigne, les

Rochers, Grignan, Bussy, Ferney, Mont-bar, valent bien des maisons royales.

Quelquefois ces anciennes demeures sont le théâtre d'histoires mystérieuses, de scènes de revenans, d'apparitions, dont le récit se transmet d'âge en âge. Les habitans des environs de Lillebonne, en Normandie, et de Pierre-fonts, près de Compiegne, ne passent qu'en tremblant près de leurs souterreins. Les paysans du Rouergue croient voir errer, la nuit, l'ombre de Jean V d'Armagnac, autour du vieux château de Gage. C'est une jeune femme voilée qui apparoît dans les tours de Kerjan en Bretagne. Ces Romans de village se racontent au coin du feu dans les longues soirées de l'hiver ; traditions naïves, qui s'anéantiroient sitôt que les lieux qui les conservent seroient détruits. Malheureusement, déjà plusieurs de ces édifices ont été renversés; la barbarie les a long-temps compris dans sa haine [1]. Un monopole odieux

(1) *Tous les voyageurs, tous les amateurs des arts et de l'antiquité, tous les bons Français déplorent la destruction de nos anciens châteaux. On peut voir l'expression de ces regrets dans le Voyage de M. Millin, où l'on trouve un tableau intéressant des an-*

a détruit en un moment, et presque sans aucun bénéfice, la magnificence des siècles. Leurs débris, dispersés dans les campagnes, comme le furent ceux des monumens romains à l'entrée des Vandales en Italie, ont servi comme eux aux réparations des plus vils bâtimens. Des pilastres de Joconde, des morceaux de corniche de Germain-Pilon, soutiennent des granges de fermiers; les armes du cardinal de Richelieu, les ornemens de son château [1], servent à paver la ville qu'il a bâtie; les décombres de Gaillon, au bon Georges d'Amboise, ont été dispersés, comme jadis le furent ses bienfaits dans les hameaux des environs; et les fleurs de lys réduites à se

ciens châteaux du Midi de la France, tome III, pag. 440.

(1) *Ce château n'a pas été vendu comme la plupart des autres dans le temps du Directoire; il fut rendu à la famille de Richelieu un an après le 18 brumaire : mais les dettes du maréchal de Richelieu et du duc de Fronsac étant considérables, M. de Richelieu ordonna de tout vendre pour y faire honneur. — Désespérant de rien retrouver en France après ce sacrifice, il alla porter une seconde fois chez les étrangers le nom célèbre qui s'éteint avec lui, et le modèle d'un beau caractère.*

trouver mêlées à de pauvres masures, ont encore une fois secouru des chaumières. En vain a-t-on voulu sauver quelques-uns de ces glorieux débris en les réunissant dans un Musée [1]; en vain un artiste généreux a-t-il arraché, au péril de sa vie, les lambeaux de ces ruines [2]! quelqu'ordre qu'il ait mis dans son établissement et quelqu'utile qu'il puisse être pour les arts, il présentera toujours un aspect affligeant. Les statues entassées de tous ces illustres personnages, portant le numéro du catalogue où se trouve le récit de leurs malheurs, ressemblent à ces Grecs échappés à la tempête qui portoient le tableau de leur naufrage. Les uns, dans l'attitude de la prière, ont l'air de demander au ciel qu'il les retire de cette enceinte; d'autres s'élancent déjà hors de leur tombeau. C'est au Paraclet que je vais chercher Héloïse, et je la trouve ici, entre Dagobert et Montfaucon. Qui a pu enlever aux bois d'Anet et aux nymphes des forêts leur Diane française, dont la Diane

(1) *Musée des Petits-Augustins.*

(2) *M. Lenoir, Directeur du Musée des Petits-Augustins.*

des Grecs auroit été jalouse! et ces compagnons de nos rois, ces grands hommes de
notre histoire, seront-ils toujours ensevelis
dans la poussière? leur race est-elle donc
éteinte ou n'a-t-elle plus un asyle à leur offrir,
loin de la foule et du bruit? Ah! s'il existe
quelques-uns de leurs descendans, qu'on leur
rende ces dépouilles précieuses qui seront
peut-être leurs seules richesses, cette propriété sacrée, acquise par des siècles de
gloire; qu'ils puissent replacer ces anciens
trophées dans de nouvelles demeures, dans
des lieux ignorés peut-être, mais que le
voyageur rendra un jour célèbres. Cour-
talin s'ennoblira des débris d'Ecouen et de
Montmorency; le Boulay, des mausolées de
MM. d'Harcourt; la Roche-Guyon recueil-
lera du naufrage les restes de l'amiral Cha-
bot; et la France embellie d'âge en âge,
n'aura point à regretter sa splendeur passée,
en se glorifiant de ses nouveaux triomphes.

Il est un autre genre d'édifices sur lequel
nous tâcherons de fixer également l'attention
des amis des arts et des habitans de la campagne; ce sont nos anciens monastères, qui
par les événemens de la révolution sont de-

venus la demeure de plusieurs particuliers.
Il nous semble que l'on n'a pas assez senti le
prix de ces acquisitions nouvelles pour l'ornement des jardins et la composition d'une
retraite agréable. Sans dépense et sans soins
on auroit pu conserver ces monumens de
notre culte, qu'on ne retrouvera bientôt plus
que dans les pays protestans. Quel tableau
pittoresque et quelles habitations délicieuses
n'auroient point formé les abbayes de Mar-
moutier, de Cluni, de Longpont, de Cîteaux,
de Chalis, etc., si seulement on avoit adopté
un plan dans leur destruction, si en abattant
tout ce que le temps devoit détruire, on
avoit conservé ce qu'ordinairement il épargne.
Dans les unes on auroit réservé la façade
gothique, ornée de ses flèches légères, de
sa porte cintrée, de ses figures allégoriques;
dans d'autres, où la façade auroit été moins
importante, on auroit laissé voir les longues
arcades de la nef, le fond du sanctuaire aban-
donné, les vitraux coloriés de la fenêtre qui
l'éclaire, et les galeries silencieuses du cloître;
les arches des voûtes terminées en ogives,
isolées de leurs murs intermédiaires, reste-
roient suspendues, comme un berceau au-

dessus des arbustes, et au milieu de la pelouse verte. Bientôt le lierre s'élevant autour des pilastres, mêleroit ses feuilles mobiles aux feuilles sculptées des chapiteaux, les cassures des pierres qui laissent voir, pour ainsi-dire, le squelette de l'édifice, prendroient bientôt la couleur de sa surface, ou se rempliroient de mousse et de gazon. Le temps sait ainsi voiler les traces de la destruction, comme il fait souvent, d'une blessure qui défigure, une cicatrice qui embellit. Ces habitations, jadis la vénération des campagnes, en seroient encore la parure ; leur culte même ne seroit pas entièrement effacé, et les productions des champs y rappelleroient les hommages des hommes. On verroit des fleurs croître naturellement entre les pierres des tombeaux, s'incliner sur les marches de l'autel; la vigne-vierge et le chèvre-feuille couvriroient le sanctuaire d'un dais de feuillage; et le chant des oiseaux remplaceroit la musique céleste.

Les débris tirés des démolitions de l'église et du cloître ne seroient point inutiles, ils serviroient à décorer la maison abbatiale, devenue la demeure du propriétaire. Ces sortes de bâtimens étoient ordinairement plus

modernes que les autres parties de l'édifice,
et n'en avoient pas le caractère; on pourroit
y placer les contreforts des bas côtés de l'é-
glise, en décorant leurs sommets d'ornemens
en saillie, ou enchassés dans le mur; on sur-
monteroit les fenêtres de quelque entourage
en relief; on pratiqueroit au-dessus de la
porte d'entrée un petit auvent, de bois sculp-
té, sans support extérieur, et couvert en
ardoise; enfin on cacheroit la saillie du toit
par une suite d'ornemens pointus, en réservant
pour les angles ces petits monstres en pierre
ou en tôle, qui servent de goutières dans tous
les édifices de ce genre. Ces travaux qui com-
poseroient une demeure agréable et conser-
veroient un monument précieux, ne coûte-
roient pas la dixième partie de ce qu'on dépense tous les jours pour bâtir des maisons
qui n'ont ni élégance ni beauté.

Pour donner à la seconde partie de cet ouvrage plus d'utilité, sans diminuer de son
intérêt, il m'a paru convenable de classer
les sujets dans un ordre chronologique, et de
commencer par les châteaux les plus anciens
de France, en finissant par les plus modernes; cet ensemble pourra présenter alors

un tableau complet de l'état de l'architecture en France dans tous les temps de notre histoire. Nous y joindrons des recherches sur la manière de vivre des seigneurs dans leurs châteaux, leurs prérogatives, les ameublemens de leurs édifices, enfin la vie privée des campagnes. Il nous a paru que cette partie de notre histoire n'avoit pas été approfondie et qu'elle s'effacoit tous les jours davantage, à mesure que l'on détruisoit les édifices qui la rappellent. Le P. Montfaucon, dans sa préface de la *Monarchie Française,* annonce ce travail pour la troisième partie de son ouvrage, mais il n'a pas même publié la seconde. MM. Duchêne et Paulin de Lumina, dans leurs Mœurs et Coutumes des Français, ne donnent point d'éclaircissemens sur cette matière; Poncet de la Grave, qui avoit annoncé des Mémoires sur les anciennes Maisons royales, n'a publié que la description de S. Cloud et de Vincennes; enfin Legrand-d'Aussy, qui de nos jours a le plus travaillé sur les antiquités françaises, avoit réservé tout ce qui avoit rapport aux jardins d'agrément, à l'architecture, aux châteaux et à la vie que l'on y menoit, pour la quatrième partie de son ouvrage, que la mort l'empêcha de finir et de publier : nous ne nous flattons pas de pouvoir suppléer aux travaux de ces savans, mais nous essayerons au moins, à leur défaut, de fixer des traditions intéressantes qui se perdroient par un plus long oubli. Cet ouvrage aura rempli son but, s'il peut contribuer à embellir quelque nouveau jardin ou sauver de la destruction quelque ancienne demeure.

FIN.

Lorsque l'on imprimoit la fin du Discours qu'on vient de lire, l'Auteur reçut une lettre d'une personne dont les idées ingénieuses en fait d'établissement public ont été généralement approuvées, quoique rarement mises en exécution; cette lettre contenoit des observations importantes sur le plan de cet ouvrage, et l'on a pensé qu'il seroit utile de les faire connoître, et d'y répondre, afin de ne laisser aucun doute sur la nature et le but de cette entreprise.

Paris, ce 3 février 1808.

Je viens de lire, mon cher Laborde, le Prospectus par lequel vous annoncez une Description des nouveaux Jardins de la France et de ses anciens Châteaux. Je l'ai lu avec un double intérêt, l'intérêt de l'amitié et celui que j'éprouve toutes les fois que je vois annoncer un projet dans lequel ma philanthropie découvre un résultat utile au public. C'est donc au désir que j'ai de voir votre ouvrage produire tout son effet, qu'il faut attribuer les observations que je vous adresse.

La Description des nouveaux Jardins et des anciens Châteaux de France est un ouvrage que l'on désire depuis long-temps dans ce pays, et le peintre de l'Espagne ne peut manquer de répandre beaucoup d'intérêt sur cet utile travail. Mais si vous vous bornez à cela, mon cher Alexandre, vous n'aurez rempli votre tâche qu'à demi. C'est ce que me fait craindre votre Prospectus, qui peut-être n'a pas pu recevoir toutes vos idées; je peux encore espérer de trouver dans votre Discours préliminaire celles dont je vais vous entretenir.

Craignez dans votre ouvrage de trop vous livrer au goût du pays. On y sacrifie tout à ce qui brille, et l'on ne fait rien pour ce qui sert. Les colonnades, les portiques, les beaux jardins vont tous seuls en France; l'art des miracles n'a pas besoin d'être professé, il y a déjà trop d'intérêts qui le protègent. La France est le pays où la fausse gloire dans les édifices exerce toute sa magie. Les artistes l'encensent, elle éblouit les Grands, et l'administrateur même ne peut s'en défendre. J'en fais la triste expérience depuis six ans que je vois les bâtimens de luxe porter des coups mortels à l'existence du modeste et nécessaire *trottoir*, qui n'offre aux artistes aucun espoir de gloire et n'assure à l'administrateur que l'obscur mérite d'être utile.

Ainsi donc, mon cher Laborde, si des châteaux résistent en France au nouveau système du partage égal des fortunes, leurs riches propriétaires ne manqueront pas d'artistes qui préconiseront l'art effrayant de faire des montagnes au milieu des plaines, des rivières où il ne se trouve pas d'eau, et des plaines sur les débris des montagnes. La vanité et le mauvais goût nourriront toujours de sucs abondans cet art brillant; il n'y a que ce qui est simple et utile qui réussit difficilement en France.

S'il est un art qui puisse ramener le pauvre au milieu des champs, encourager à habiter la campagne les jeunes époux effrayés du luxe de la ville, distraire le malheureux par des occupations rurales, qui allient l'économie à l'agrément, c'est cet art qu'il faut apprendre aux Français, si toutefois on peut appeler un art le sentiment de ce qui est commode, propre et agreste.

Vos voyages vous ont fait connoître plus d'un modèle dans ce genre. L'air de prospérité qui frappe les regards du voyageur en parcourant l'Angleterre, tient bien plus au coup-d'œil riant et *comfortable* de ses *cottages* qu'à l'aspect grave de ses parcs. Le propriétaire de ces modestes habitations manifeste, par la propreté qui l'environne, le sentiment de sa dignité; le style pur et simple de ses ornemens annonce sa bonne éducation, et la richesse de ses cultures décèle son bon sens.

Je sais que la France ne manque pas de petites habitations faites pour rivaliser en grâces celles de tous les pays de la terre; mais les propriétaires de ces sites pittoresques ont presque toujours l'air de malheureux condamnés à les habiter, et honteux d'y vivre, parce qu'ils ignorent cet art simple qui embellit la plus humble chaumière et donne de la grâce à la ferme la plus opulente; cet art, dont tout le secret consiste dans le soin de montrer ce qui est beau et de masquer ce qui peut déplaire.

Effrayé par l'exemple de ses riches voisins, le propriétaire que n'a pas favorisé la fortune, craint de donner quelques soins à la nature, parce qu'il croit qu'il faut appeler à son aide des artistes ruineux, et créer des merveilles. Que votre ouvrage, mon cher Laborde, lui apprenne qu'un pré et un bel arbre forment seuls un joli jardin, et vous aurez rendu un grand service au pays.

Il est à remarquer qu'en France la méfiance est plus prodigue que le goût. Le même homme qui craindra de dépenser un écu pour l'ornement de son habitation, élevera d'immenses murailles pour entourer ses horribles champs. Tandis que s'il réduisoit ses fortifications, puisqu'on les croit nécessaires, s'il les réduisoit, dis-je, à l'enceinte de sa maison, et laissoit ses bois et ses prés sous la protection de haies épaisses et bien entretenues, il épargneroit d'énormes dépenses et rendroit quelque grâce à la campagne, que ses affreuses murailles défigurent.

Le plan de votre ouvrage doit nécessairement vous conduire à Migneau, dont les jardins agréables méritent une place dans la description des jardins modernes. Vous vous trouverez là à un quart-d'heure de chemin de Villenne, où les idées que je viens de vous indiquer ont été mises à exécution avec quelques succès. Les propriétaires de Villenne, ruinés par les loix révolutionnaires, ont été obligés d'abattre un superbe château, qui, pendant plusieurs siècles, avoit offert une noble habitation à leurs ancêtres, mais qui ne pouvoit plus convenir à la fortune des possesseurs actuels. Ils se sont modestement retirés dans les écuries, bâtiment qui porte l'empreinte de la magnificence de leurs pères, et dont le style annonce trop son ancienne destination, pour n'avoir pas eu besoin d'un peu d'art pour lui donner le caractère de l'habitation des maîtres.

Trois grands corps de logis bordoient de trois côtés une grande cour précédée de deux autres, entourées de murs à hauteur d'appui, avec d'immenses pilastres en pierres de taille à chaque entrée. Chacune de ces cours étoit en sable et en pavé; l'église avoit l'air d'être dans un coin, et les masures du village dans l'autre. Rien assurément n'étoit moins pittoresque. Aujourd'hui, sans autres frais qu'un labour et quelques plantations, le sable et le pavé ont été remplacés par une verte prairie, deux arpens de terre ont été rendus à la culture; l'église et les masures ont disparu ; une partie des bâtimens a été masquée; les longues lignes de constructions sont coupées par des groupes d'arbres, et du côté du jardin ce vaste bâtiment n'offre plus à l'œil qu'un élégant pavillon de trois croisées, qui a la grâce du plus riant *cottage*.

Voilà, mon cher Laborde, le genre simple et utile dont je voudrois que votre ouvrage offrît aussi au public les principes et les modèles. J'ai une trop haute opinion de la bonté de votre esprit pour croire que vous l'ayez entièrement négligé. Vous savez, comme moi, que s'il est utile dans un État d'apprendre aux riches à dépenser leur fortune, il ne l'est pas moins d'indiquer aux pauvres les moyens de ménager la leur, et de consoler la médiocrité, en lui faisant connoître qu'elle peut avoir, aussi bien que l'opulence, ses grâces et sa beauté.

Arth'. DILLON.

Paris, le 10 février.

Vos observations sont fort justes, mon cher Dillon, et je me félicite d'y avoir répondu d'avance dans le Discours préliminaire de mon ouvrage, en annonçant que ce seroit moins l'étendue que l'agrément des lieux qui détermineroit notre choix. *En effet*, je le répète, *quelque retirée ou triste que soit une habitation, la philosophie et le goût peuvent en tirer parti*, et ces sortes de COTTAGES dont vous me parlez sont peut-être plus importans que les châteaux, parce qu'ils doivent être nécessairement plus multipliés. C'est leur aspect et leur variété qui font la beauté d'une campagne, comme c'est l'aisance de la classe qui les habite qui constitue la richesse d'un pays. Soit qu'ils appartiennent au cultivateur qui s'est élevé par son industrie au bien-être et à l'élégance des villes, ou qu'ils soient au contraire la demeure de l'homme du monde que le malheur ou la sagesse ont ramené à la vie simple des champs, ils présentent un égal intérêt ; le riche voit en eux l'asyle que les événemens ne pourront jamais lui enlever ; l'ambitieux, l'existence où doit s'arrêter la disgrâce qu'il peut craindre ; enfin, le voyageur, la retraite de ces hommes *facilement heureux* dont parle Homère, et qui n'éprouvoient dans la pauvreté ni le besoin ni le mépris.

Hic mihi paupertas opulentior (1).

Videas hic ipsa placere
Supplicia et virides violis halare catenas (2).

Ces habitations si multipliées en Angleterre, en Suisse et dans quelques parties de l'Allemagne, sont malheureusement fort rares en France, où les propriétés étoient moins divisées et le goût de la campagne moins général. Leur nombre s'est accru depuis plusieurs années et s'augmente tous les jours ; l'aisance, qui chez beaucoup de gens a succédé à la richesse, leur fait préférer des maisons commodes à de grands châteaux, des établissemens agréables à des parcs symmétriques, et dispendieux à entretenir. Ceux qui ont éprouvé des pertes plus considérables tâchent de parvenir avec de l'ordre et de l'industrie au point où les autres se sont fixés par modération. — Chacun soigne aujourd'hui ses intérêts, comme jadis son ambition ; et s'il est un moment favorable aux idées philanthropiques que vous avez souvent manifestées, c'est lorsque l'inac-

(1) Claud., lib. 1, in Rust.
(2) Sidon. Apoll.

tion forcée et les obstacles à des carrières brillantes condamnent la plupart des gens du monde à ne s'attacher qu'aux choses utiles. Cette activité industrieuse, cet esprit réparateur que la révolution semble avoir créé pour rétablir les fortunes qu'elle a détruites, ne dégénèrent point en France en désir d'accumuler et en spéculations avides. Nous avons dans le caractère un certain degré de noblesse, ou peut-être seulement d'orgueil, qui vient arrêter à propos la trop grande économie; du moment où l'on est parvenu à posséder le nécessaire, on aime à montrer un peu de superflu, et on consacre à embellir le lieu qu'on habite ce que d'autres emploiroient à l'augmenter. Cette vanité bien dirigée pourroit tourner à l'avantage du pays, autant qu'elle y nuisoit autrefois. Il suffiroit que le luxe que vous blâmez avec raison dans les anciens travaux ne se montrât dans les nouveaux que sous la forme de l'élégance et de la commodité. Le même homme qui, séduit par la mode de son temps, entouroit sa demeure de fossés, de terrasses et de murs, l'orneroit avec goût et simplicité, s'il y étoit autorisé par quelques exemples qui flattassent également son amour-propre. Chacun pourroit espérer de réussir proportionnellement dans ce nouveau genre de gloire, car il n'est aucun lieu qui n'ait sa beauté relative, qu'il suffit de développer et de faire valoir. Les fermes mêmes, si multipliées en France et presque toujours trop rapprochées des maisons, sont susceptibles de leur servir d'ornemens. Je suis convaincu qu'en séparant ces bâtimens de l'habitation principale par quelque plantation, en cachant de la même manière leurs indispensables murs de clôture, en faisant régner dansl'intérieur de leurs cours plus de propreté et de recherche, on leur ôteroit tout ce qu'ils ont de déplaisant ; il en seroit de même pour les terres labourables, que l'on pourroit diviser par des plantations, sans nuire à leur exploitation. Le système nouveau d'agriculture qui tend à multiplier les troupeaux et les prairies artificielles, est favorable à cette amélioration, en rendant les plantations plus nécessaires, et en contribuant ainsi à joindre le pays aux parcs par des gradations motivées. Il ne faut, pour opérer ces heureuses innovations, que présenter aux habitans des campagnes des modèles qui leur plaisent, en y joignant quelques préceptes qui en facilitent l'exécution : les dessins de M. Bourgeois ne laisseront rien à désirer à cet égard ; ils réunissent l'effet exact de l'ensemble à une fidélité scrupuleuse dans les détails. C'est ainsi qu'en suivant les plans de quelques hommes distingués en architecture, il s'est opéré si promptement un changement total dans nos meubles, et dans les différentes parties de nos édifices, même les plus médiocres. Qui nous auroit dit, il y a vingt ans, que ce seroit d'après les ruines d'Athènes, de Rome, ou les ouvrages de Palladio, qu'on décoreroit les boutiques d'apothicaires ? Pourquoi cette révolution, opérée ainsi dans l'architecture des villes, n'auroit-elle pas lieu également dans celle des campagnes, non point

en y adaptant exclusivement le style grec ou go‑
thique, mais en cherchant le genre d'embellisse‑
ment qui convient à chacune d'elles, et leur donnant
l'aspect de l'élégance, de la propreté, du *comfort*,
et du pittoresque. — Oui, j'en ai la conviction,
mon cher Dillon, ce changement désirable aura
lieu, et autant que nous pourrons y contribuer par
des exemples ou des préceptes, nous le ferons. Nous
joindrons aux uns et aux autres des plans topo‑
graphiques qui en faciliteront l'intelligence. Le
quart à peu près du premier volume sera consacré à
des habitations de peu d'étendue; celle de Villenne,
dont vous me faites une peinture si intéressante,
y entrera nécessairement, et de semblables *chau‑
mières* enrichiroient plus notre ouvrage que les plus
beaux châteaux.

DE LABORDE.